高等教育"双一流"工程图学类课程教材

工程制图习题集——空间想象训练

远方 编著

高等教育出版社·北京

内容摘要

本习题集与远方编著《工程制图——空间想象训练》教材配套使用,是为满足空间想象训练而特意安排的习题练习,其使用方法在主教材中有详尽的规划和指导。

本习题集的主要内容包括投影体系与点的投影、直线的投影、平面的投影、投影变换、平面立体的投影、曲面立体的投影、组合体视图和剖视图。

为方便读者使用,习题集中的所有习题均有答案,读者可通过扫描二维码或访问相应的课程网址查看相关内容。

本套教材既可作为高等学校工程类各专业工程制图课程教学的辅助教材,指导空间想象训练,也可作为工程制图课程教材独立使用。

图书在版编目(CIP)数据

工程制图习题集:空间想象训练 / 远方编著 . --北京:高等教育出版社,2018.7
 ISBN 978-7-04-049897-4

Ⅰ.①工… Ⅱ.①远… Ⅲ.①工程制图 – 高等学校 – 习题集 Ⅳ.①TB23-44

中国版本图书馆 CIP 数据核字(2018)第 117526 号

Gongcheng Zhitu Xitiji——Kongjian Xiangxiang Xunlian

| 策划编辑 | 薛立华 | 责任编辑 | 薛立华 | 封面设计 | 王 鹏 | 版式设计 | 王艳红 |
| 插图绘制 | 于 博 | 责任校对 | 李大鹏 | 责任印制 | 毛斯璐 | | |

出版发行	高等教育出版社	网 址	http://www.hep.edu.cn
社 址	北京市西城区德外大街 4 号		http://www.hep.com.cn
邮政编码	100120	网上订购	http://www.hepmall.com.cn
印 刷	三河市华骏印务包装有限公司		http://www.hepmall.com
开 本	787mm×1092mm 1/16		http://www.hepmall.cn
印 张	15.25		
字 数	190 千字	版 次	2018年7月第1版
购书热线	010-58581118	印 次	2018年12月第2次印刷
咨询电话	400-810-0598	定 价	29.60 元

本书如有缺页、倒页、脱页等质量问题,请到所购图书销售部门联系调换
版权所有 侵权必究
物 料 号 49897-00

工程制图习题集
——空间想象训练

远方

1. 计算机访问 http://abook.hep.com.cn/1254692，或手机扫描二维码、下载并安装 Abook 应用。
2. 注册并登录，进入"我的课程"。
3. 输入封底数字课程账号（20位密码，刮开涂层可见），或通过 Abook 应用扫描封底数字课程账号二维码，完成课程绑定。
4. 单击"进入课程"按钮，开始本数字课程的学习。

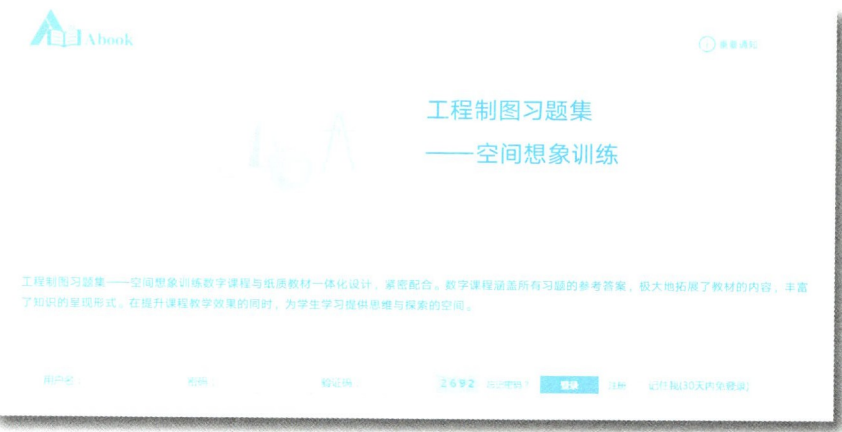

课程绑定后一年为数字课程使用有效期。受硬件限制，部分内容无法在手机端显示，请按提示通过计算机访问学习。
如有使用问题，请发邮件至 abook@hep.com.cn。

扫描二维码
下载 Abook 应用

http://abook.hep.com.cn/1254692

前 言

本习题集与远方编著《工程制图——空间想象训练》教材配套使用，是为满足空间想象训练而特意安排的习题练习。

针对空间想象训练的不同环节，本习题集安排了大量与之相对应的习题练习，对于每类题目，需先仔细研读配套书中的相应例题，在了解其思维方法后再开始习题练习。

1. 练习时，一定要坚持独立思考，尽量不请教他人或预先查看习题答案。

2. 每道习题要反复练习。反复练习既指练习时反复思考，轻易不看答案，更指一道题目要多次练习（搁置一段时间后再练习），体会每次练习时空间想象上的进步。即要将目标放在能力的提升上，而非解题本身。

3. 核对答案时，如果所答有误，一定要对照配套教材中例题的解题步骤，查找解题过程中可能缺失的环节，努力学习掌握解题的思维方法。即一定要将注意力放在思维方法的学习上，而非题目结果本身。

4. 每个人空间想象能力的起点不同，训练所花费的时间和精力也会不同。训练时切莫与他人攀比，而是要自我比较，体会训练中自身空间想象力的不断提高，享受学习和进步本身带来的乐趣。

5. 完成习题练习时建议采用铅笔作图，且直线要使用直尺绘制，圆或圆弧使用圆规绘制。所作图线要求尺寸精准，线条清晰、连贯；要明确区分作图线与结果线、细线与粗线；图面要保持整洁。反映求解过程的作图线最好予以保留。

另外，为方便读者学习，习题集中的所有习题均附有答案，读者可通过扫描二维码或访问相应的课程网址查看相关内容。

本习题集由天津大学远方编著，由中国农业大学张彦娥教授审阅。

由于作者水平有限，不足和错误在所难免，欢迎广大读者提出宝贵意见。

远方

2017 年 6 月于天津

目 录

第 1 章　投影体系与点的投影……………………………………………………………………1
第 2 章　直线的投影………………………………………………………………………………5
第 3 章　平面的投影………………………………………………………………………………10
第 4 章　投影变换…………………………………………………………………………………22
第 5 章　平面立体的投影…………………………………………………………………………31
第 6 章　曲面立体的投影…………………………………………………………………………50
第 7 章　组合体视图………………………………………………………………………………78
第 8 章　剖视图……………………………………………………………………………………102

第1章 投影体系与点的投影

1-1 已知A点的两面投影，求作第三面投影。

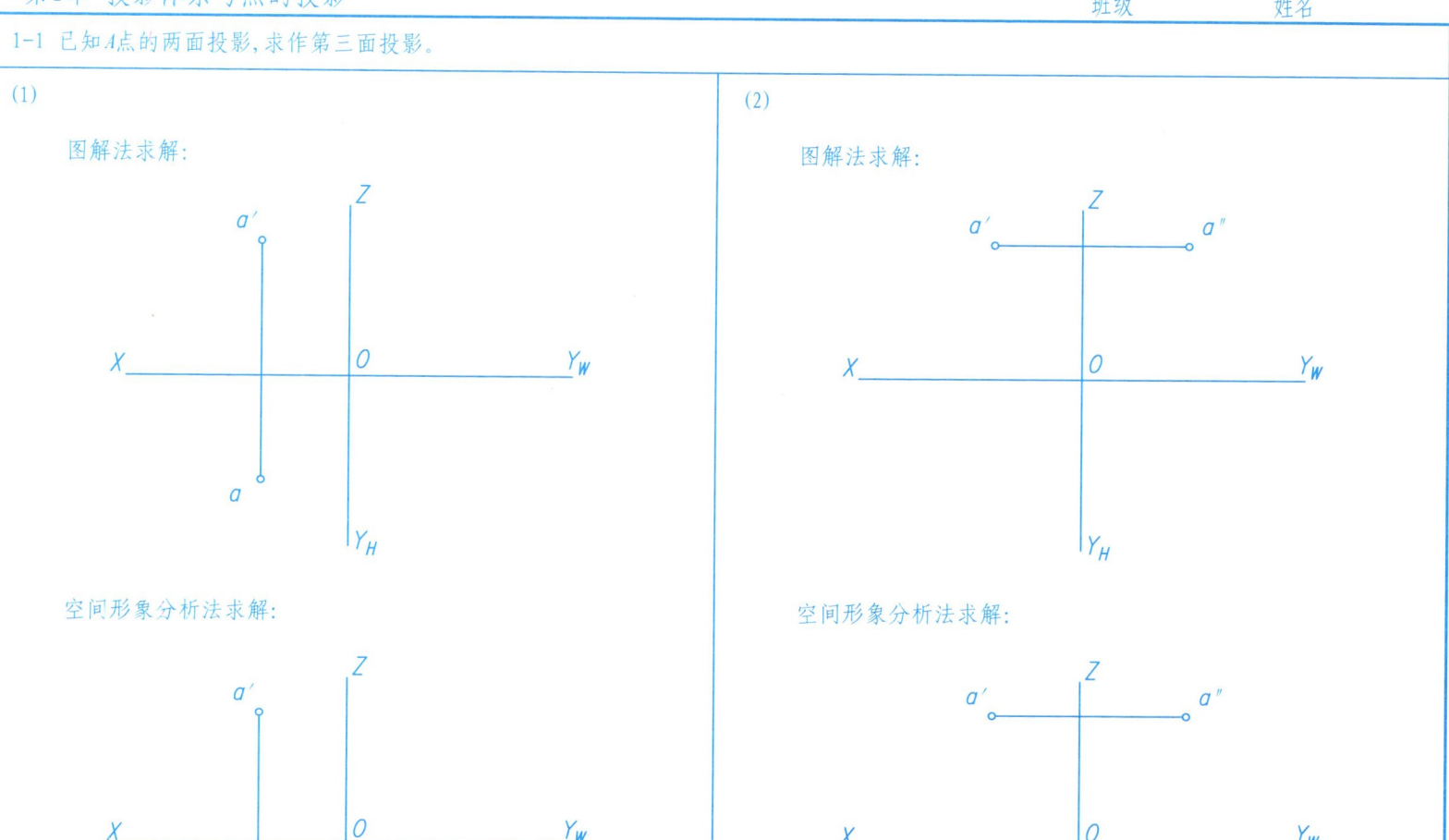

1-2 已知A点的两面投影，求作第三面投影。

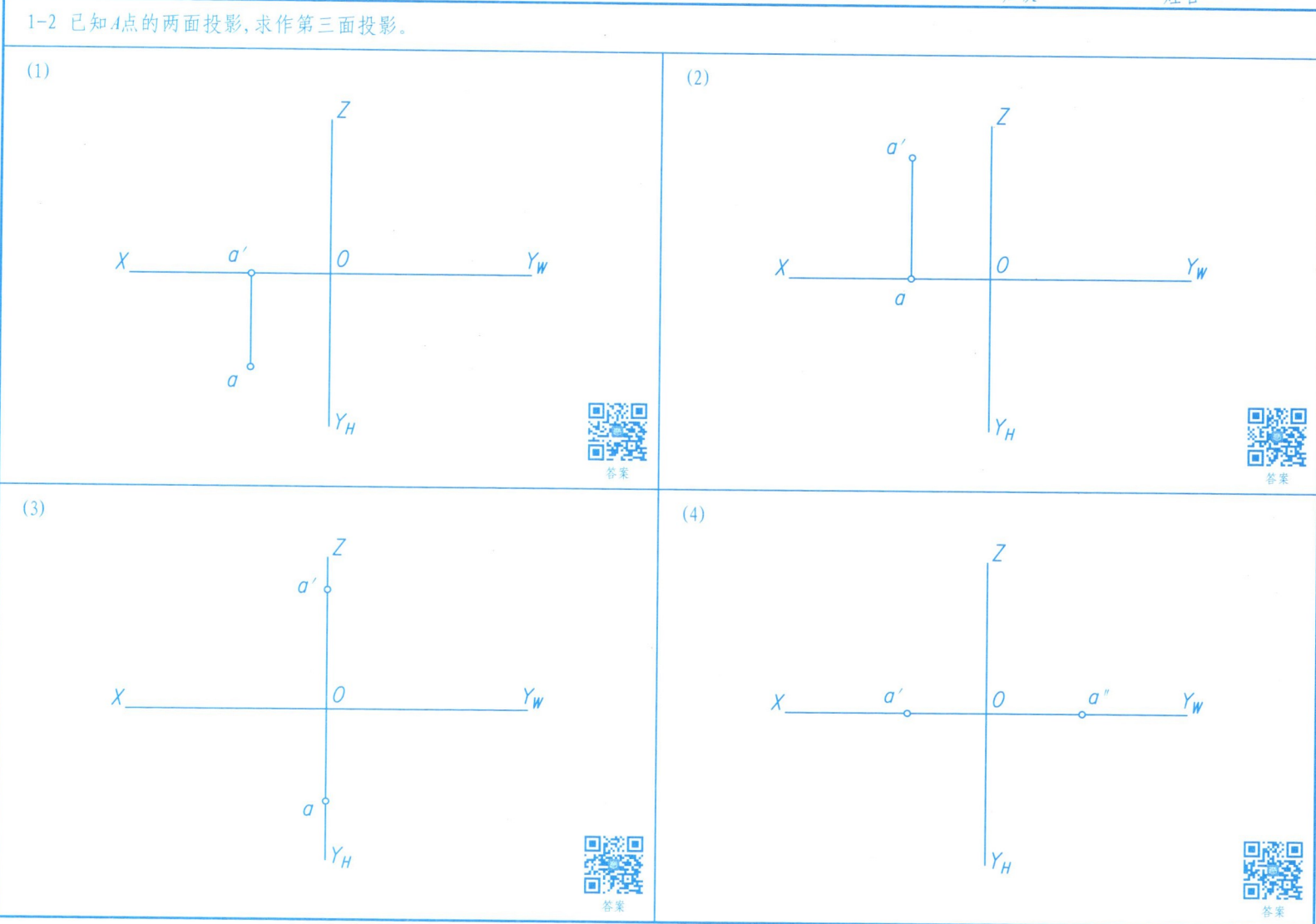

1-3 补全A、B两点的第三面投影。

(1)

(2)

(3)

(4)

1-4 第三角投影图中,已知A点的两面投影,求作第三面投影。

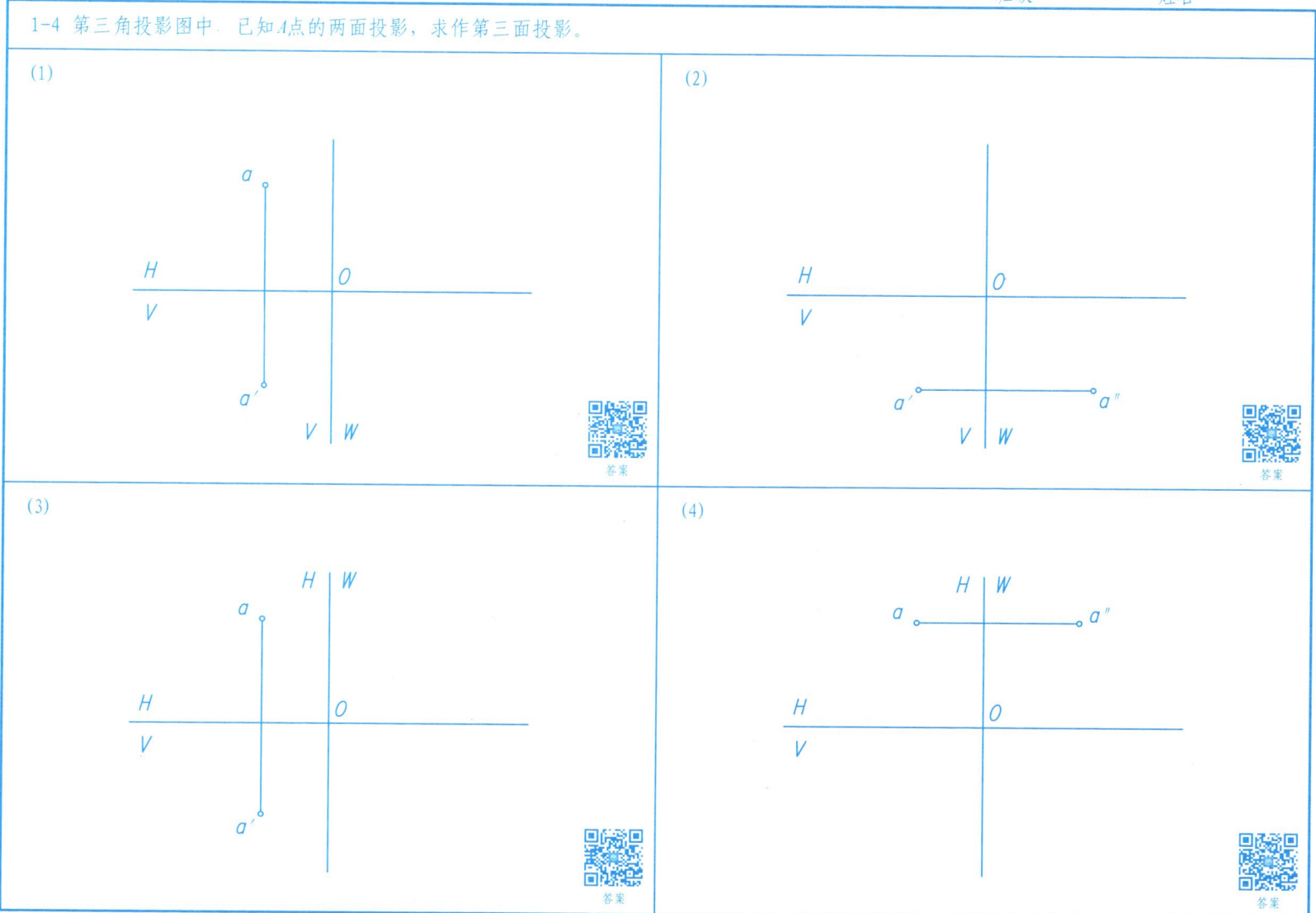

第2章 直线的投影

2-1 根据线段的两面投影，补绘第三面投影，并判断线段的空间位置，填注线段的名称及反映实长的投影（参照第1小题）。

(1)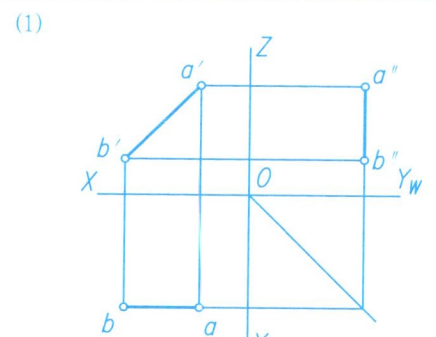

与V面 __平行__ ，与H面 __相交__ ，与W面 __相交__ ；
AB是 __正平__ 线；实长投影： __a'b'__ 。

(2)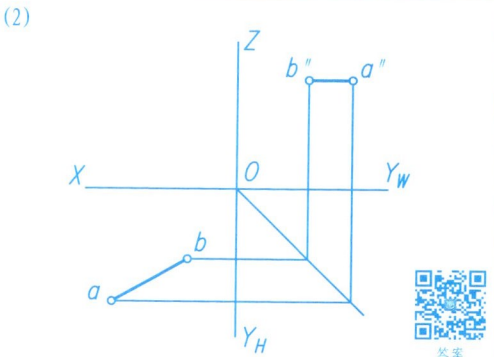

与V面 ____，与H面 ____，与W面 ____；
AB是 ____线；实长投影： ____。

(3)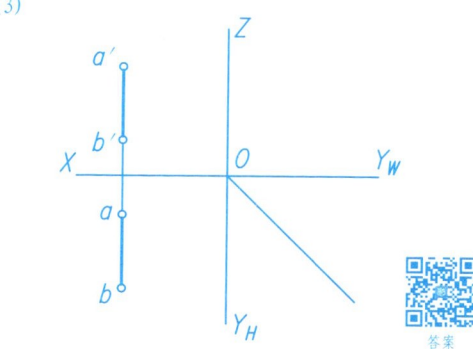

与V面 ____，与H面 ____，与W面 ____；
AB是 ____线；实长投影： ____。

(4)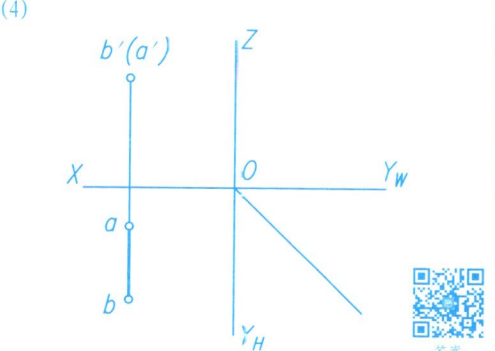

与V面 ____，与H面 ____，与W面 ____；
AB是 ____线；实长投影： ____。

(5)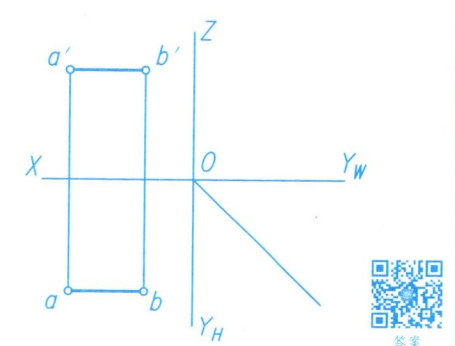

与V面 ____，与H面 ____，与W面 ____；
AB是 ____线；实长投影： ____。

(6)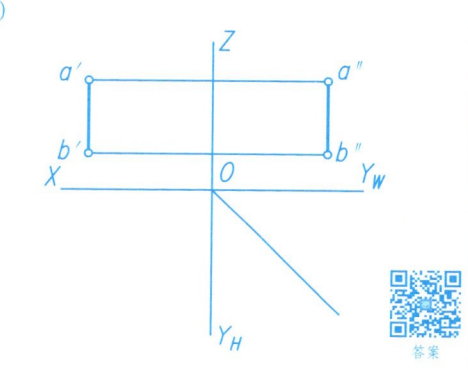

与V面 ____，与H面 ____，与W面 ____；
AB是 ____线；实长投影： ____。

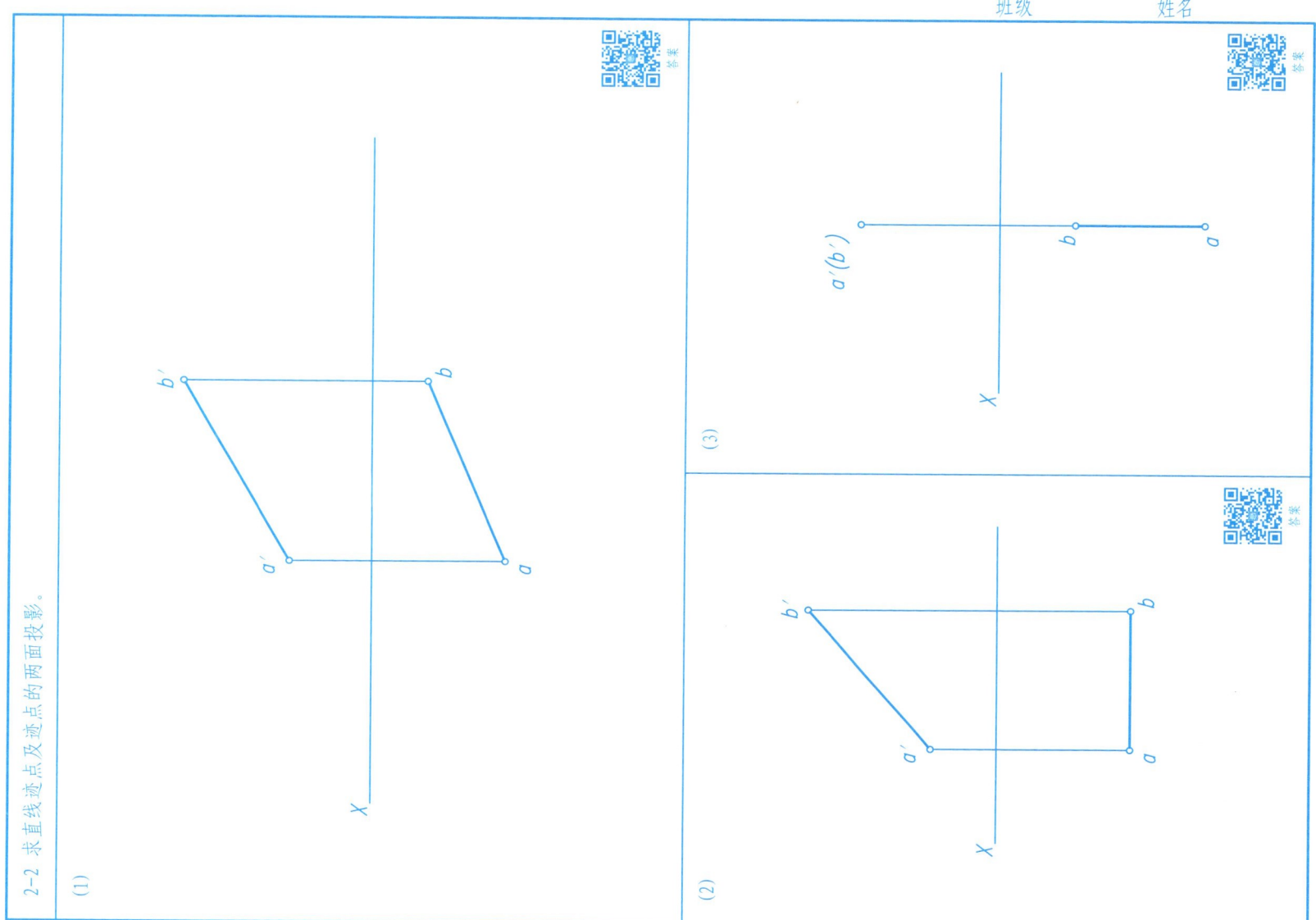

2-3 判断两线相对位置关系（平行、相交、交错、相交垂直、交错垂直）。

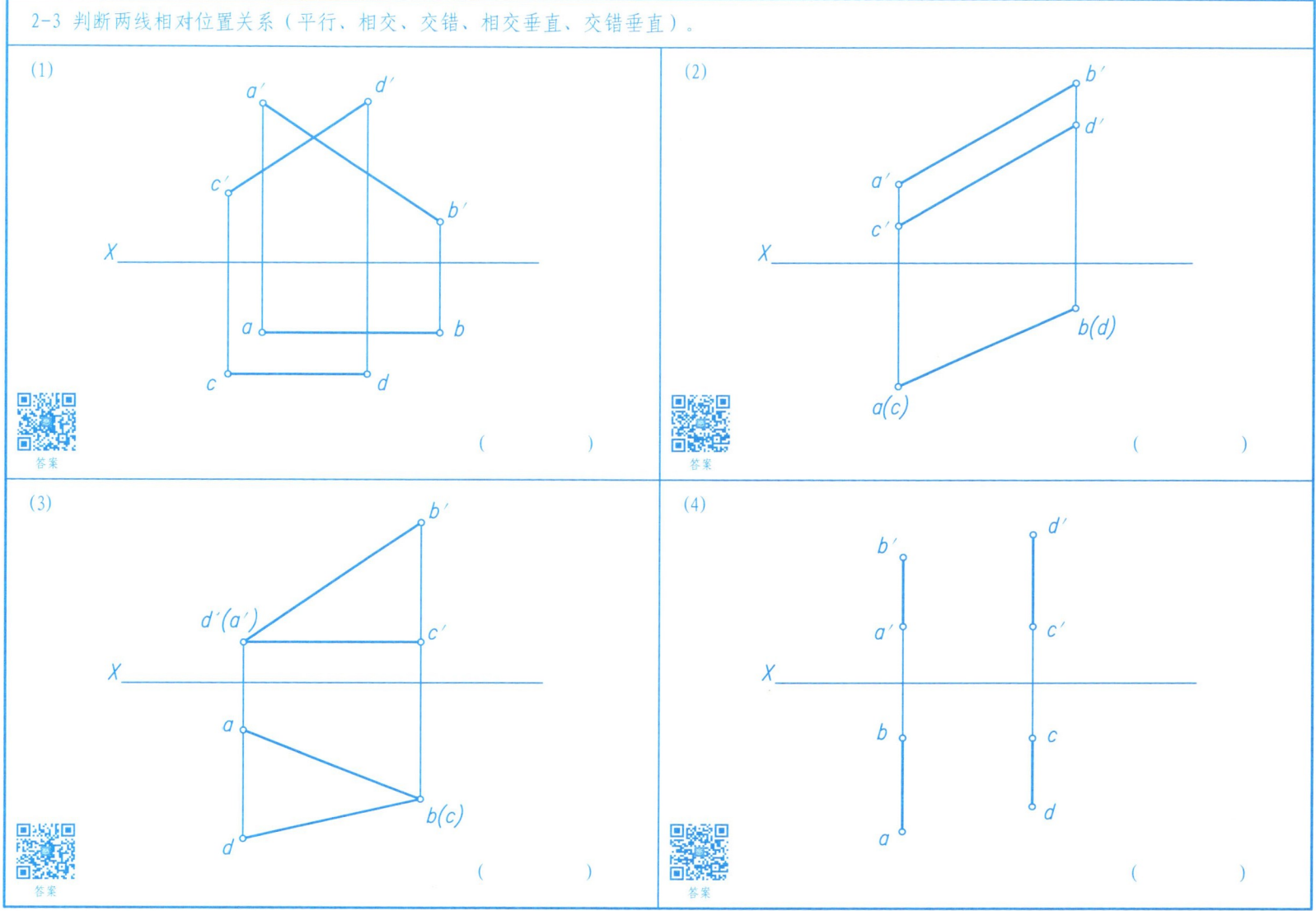

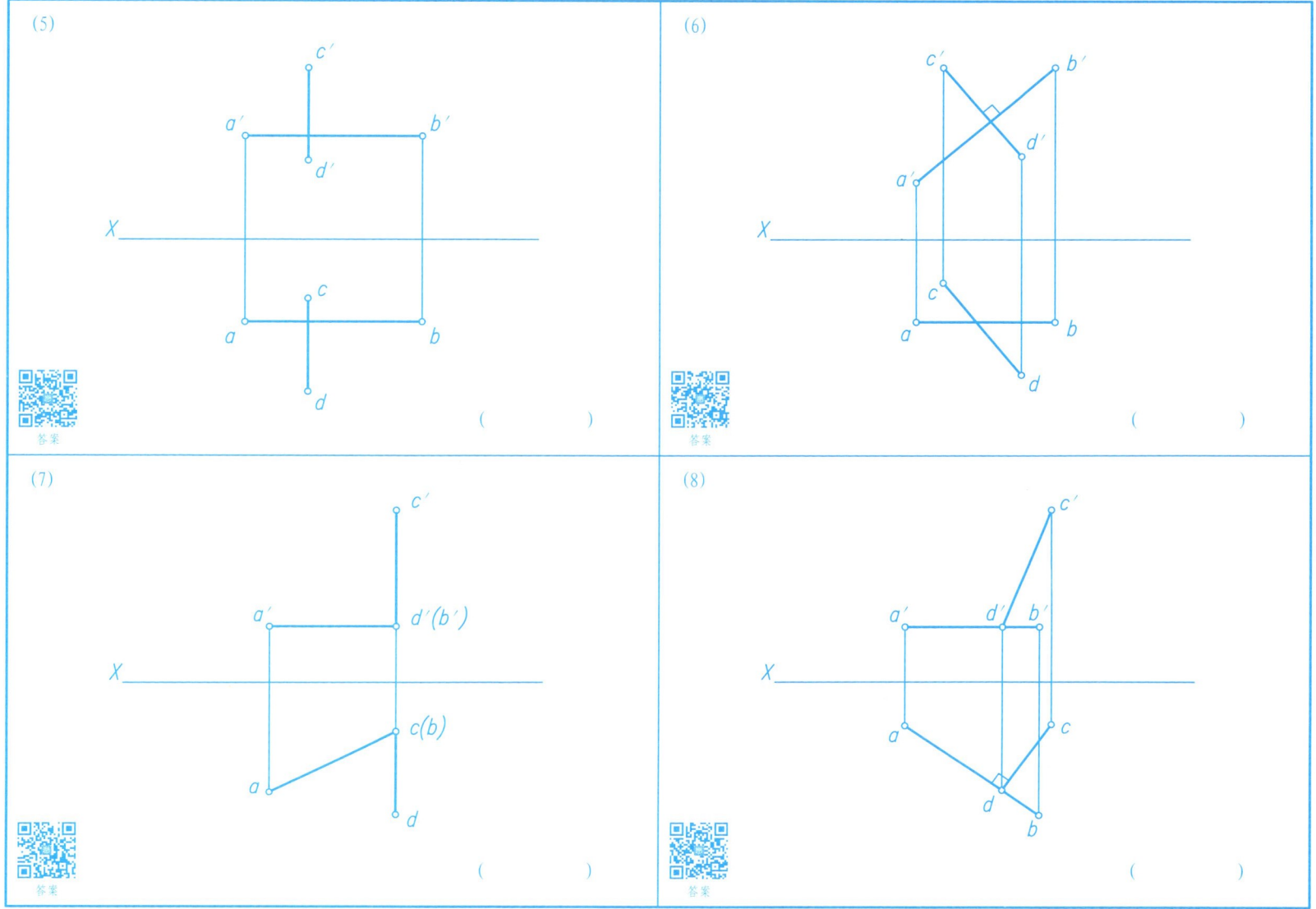

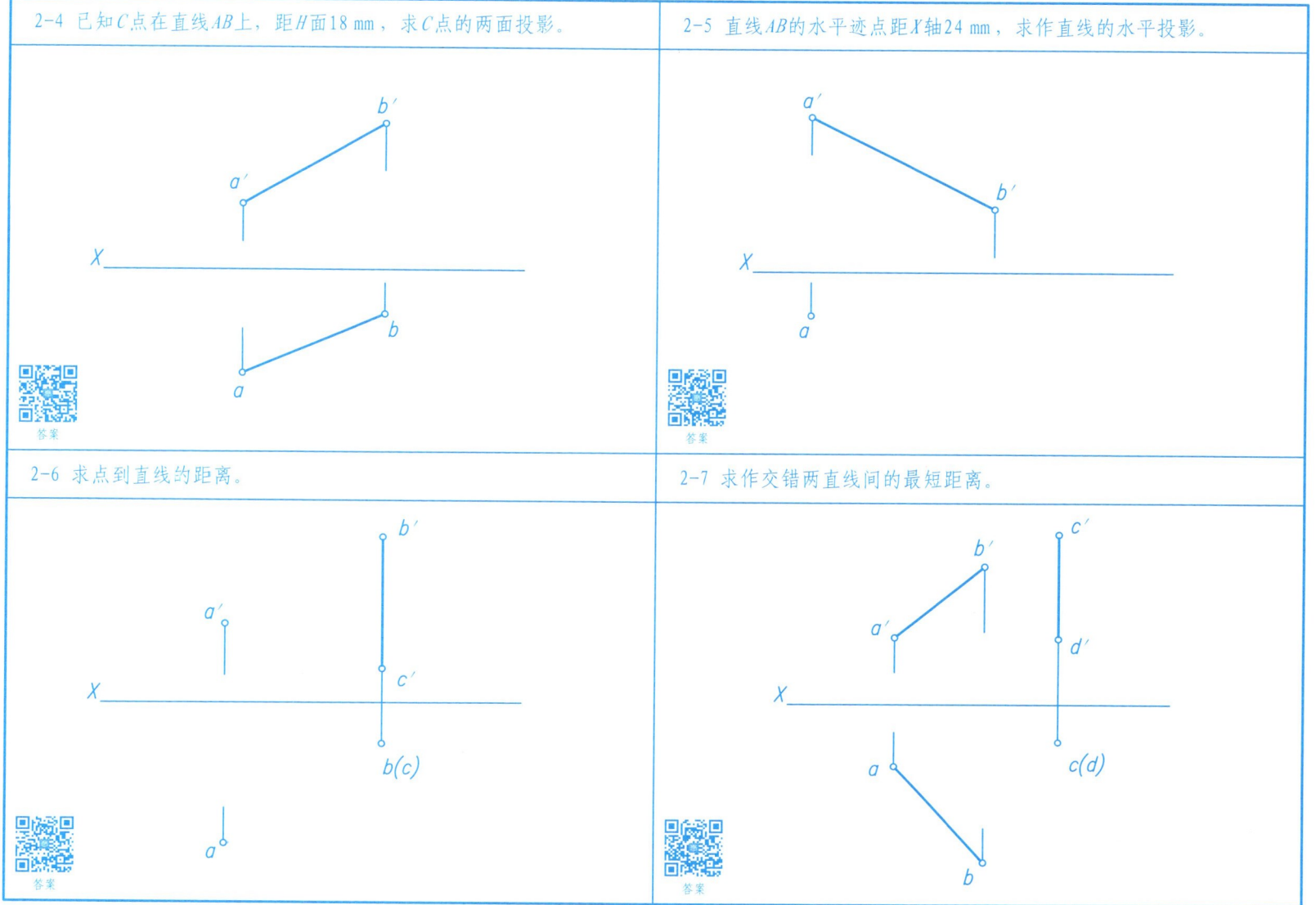

第3章 平面的投影　　　　　　　　　　　　　　　　　　　　　　　　　班级　　　　姓名

3-1 求作下列各平面的第三面投影，补全平面上点的三面投影，并在指定位置写出各平面是何种位置平面。

(1)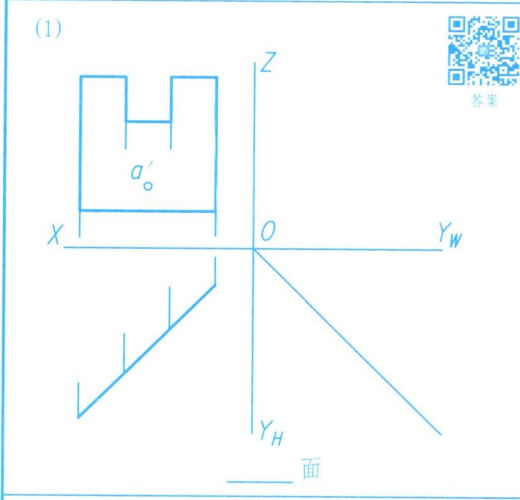
_____面

(2)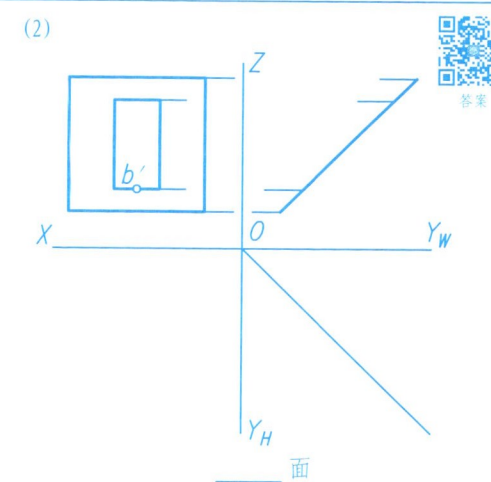
_____面

(3)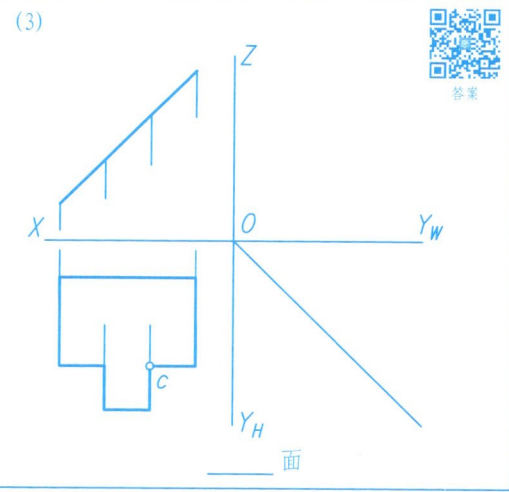
_____面

3-2 根据已知条件，完成下列各平面的投影（只作一解）。

(1) 铅垂面，与V面的夹角为45°。
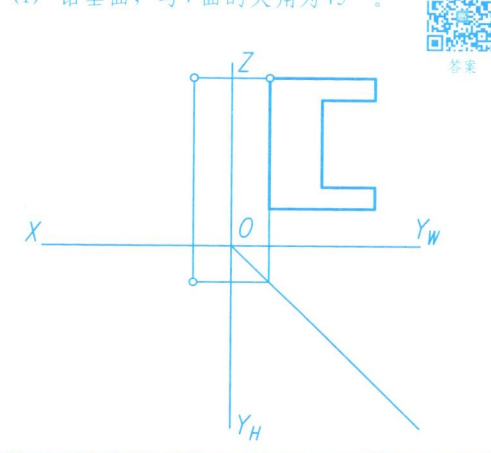

(2) 正垂面，与H面的夹角为30°。
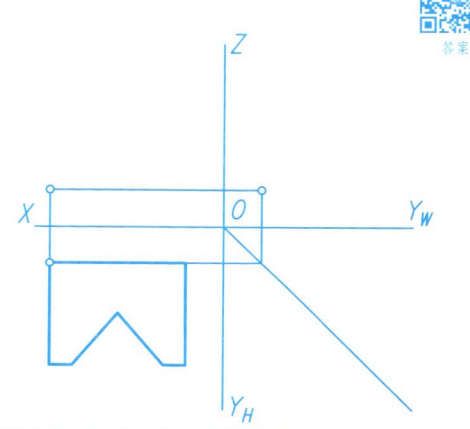

(3) 侧垂面，与H面的夹角为60°。
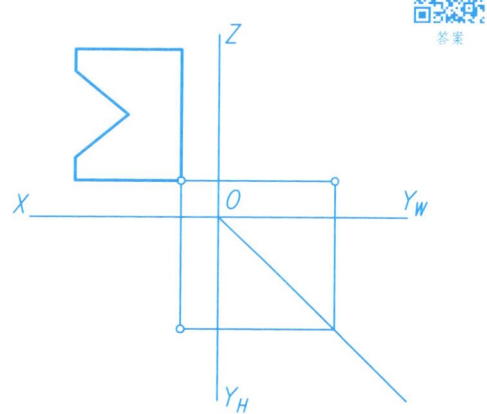

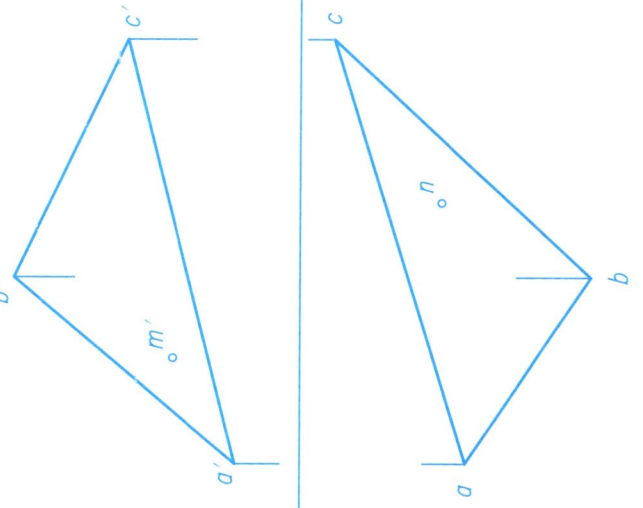

3-3 已知点M和点N在△ABC上，补全其投影。

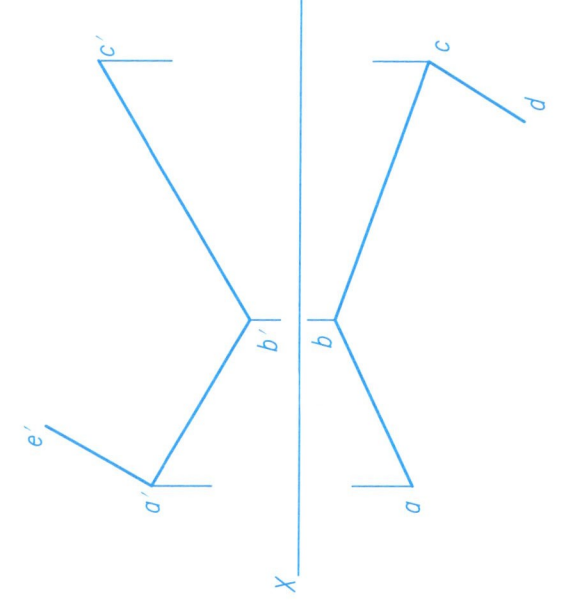

3-4 完成平面多边形的两面投影。

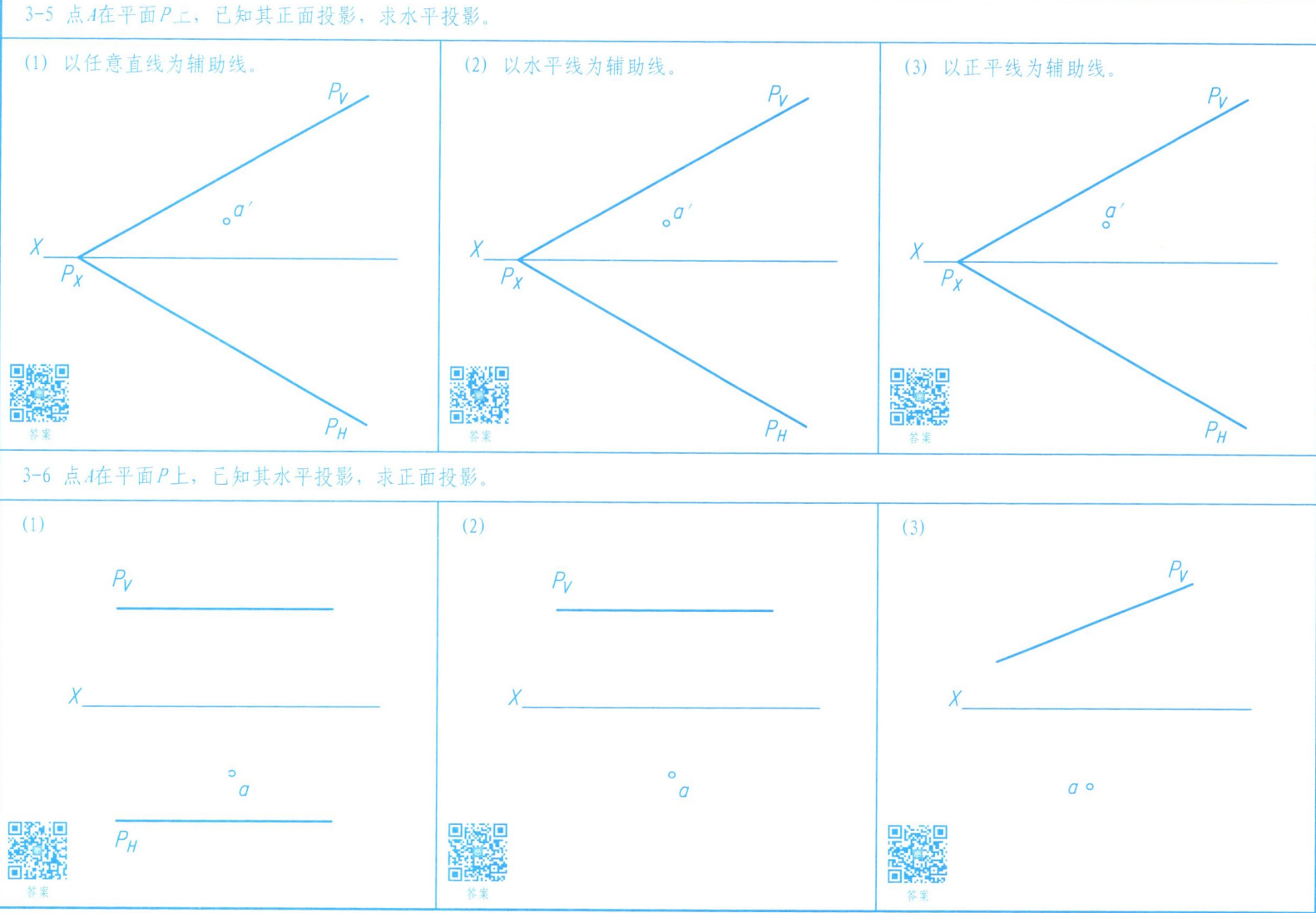

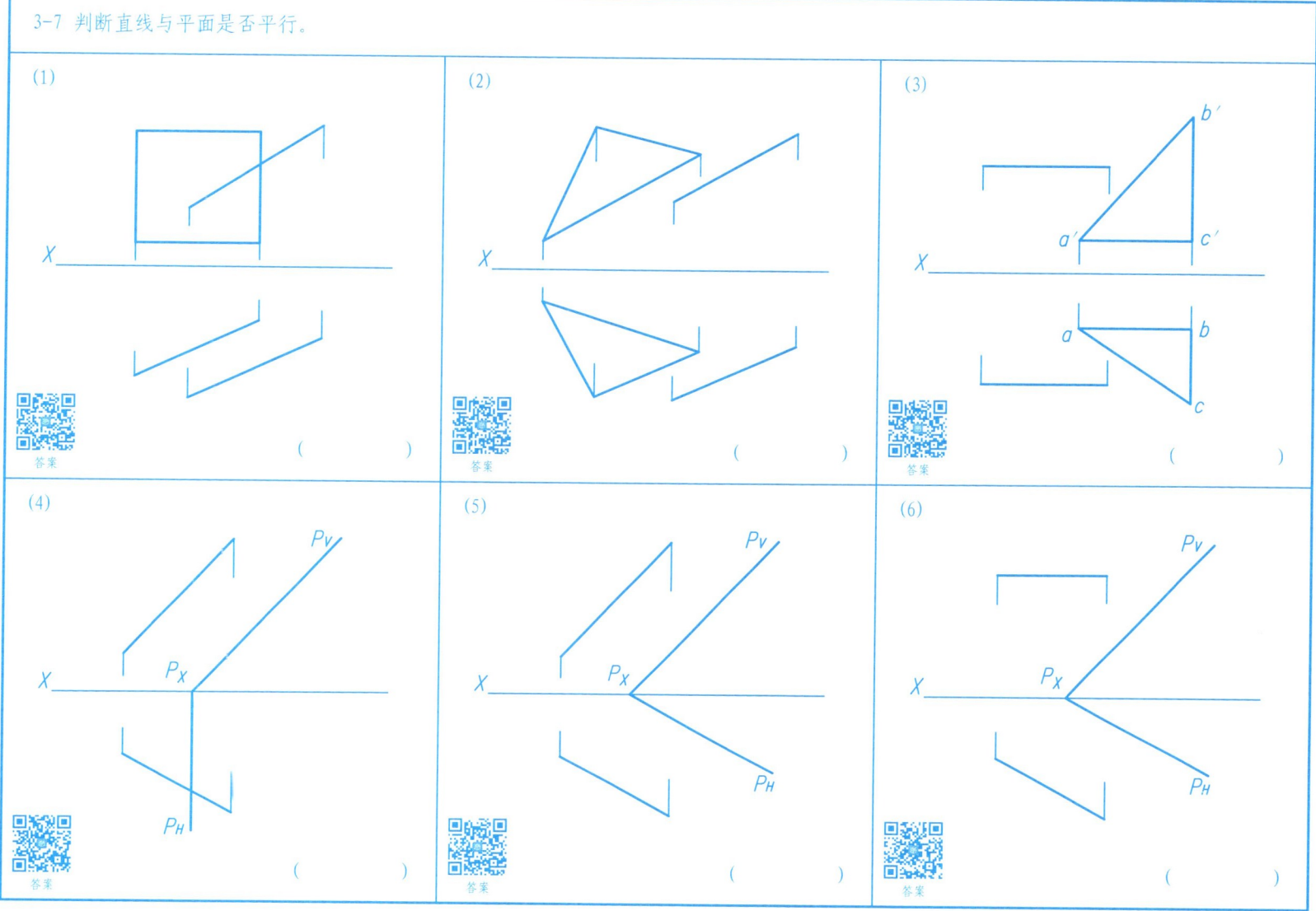

3-8 判断平面与平面是否平行。

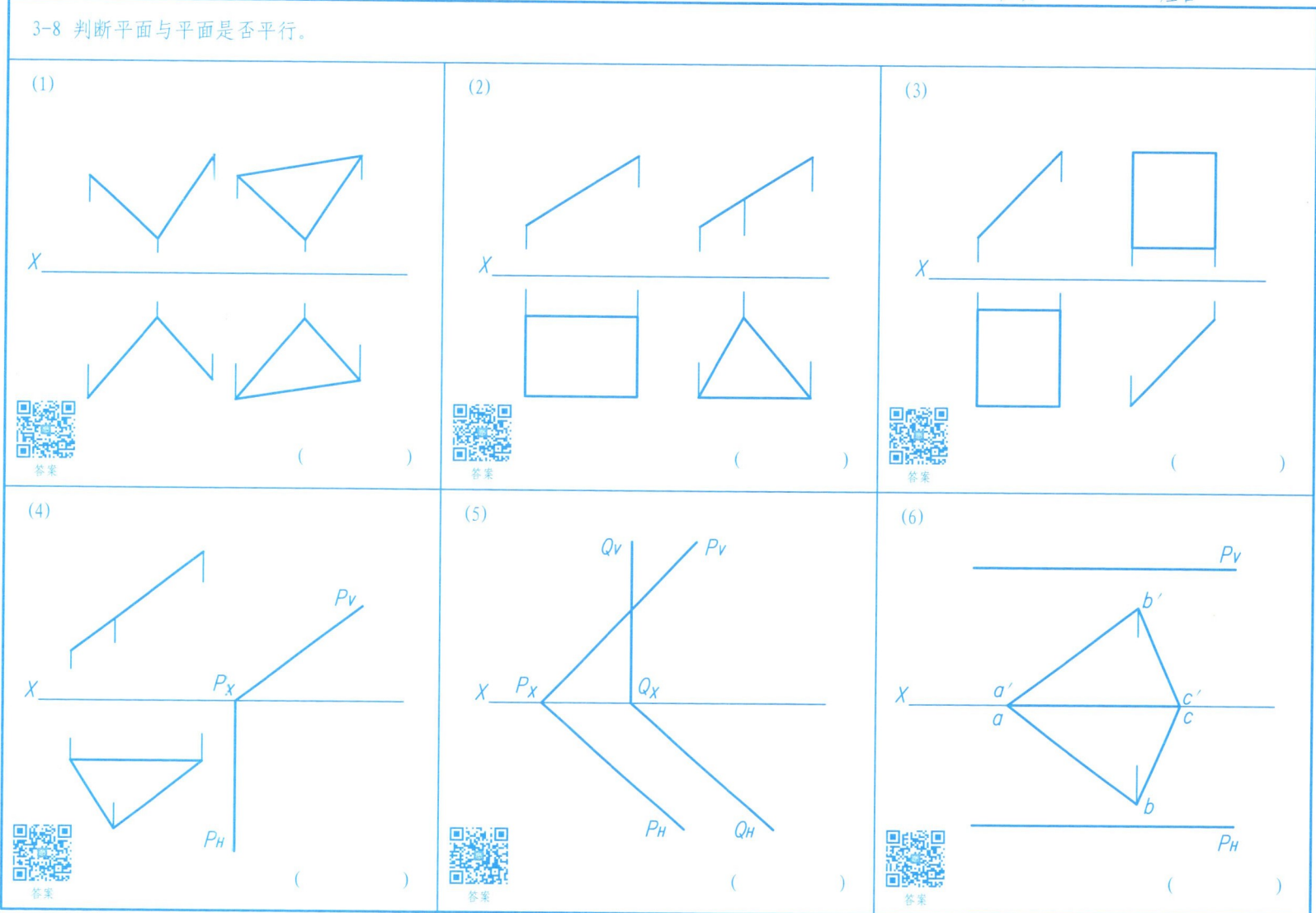

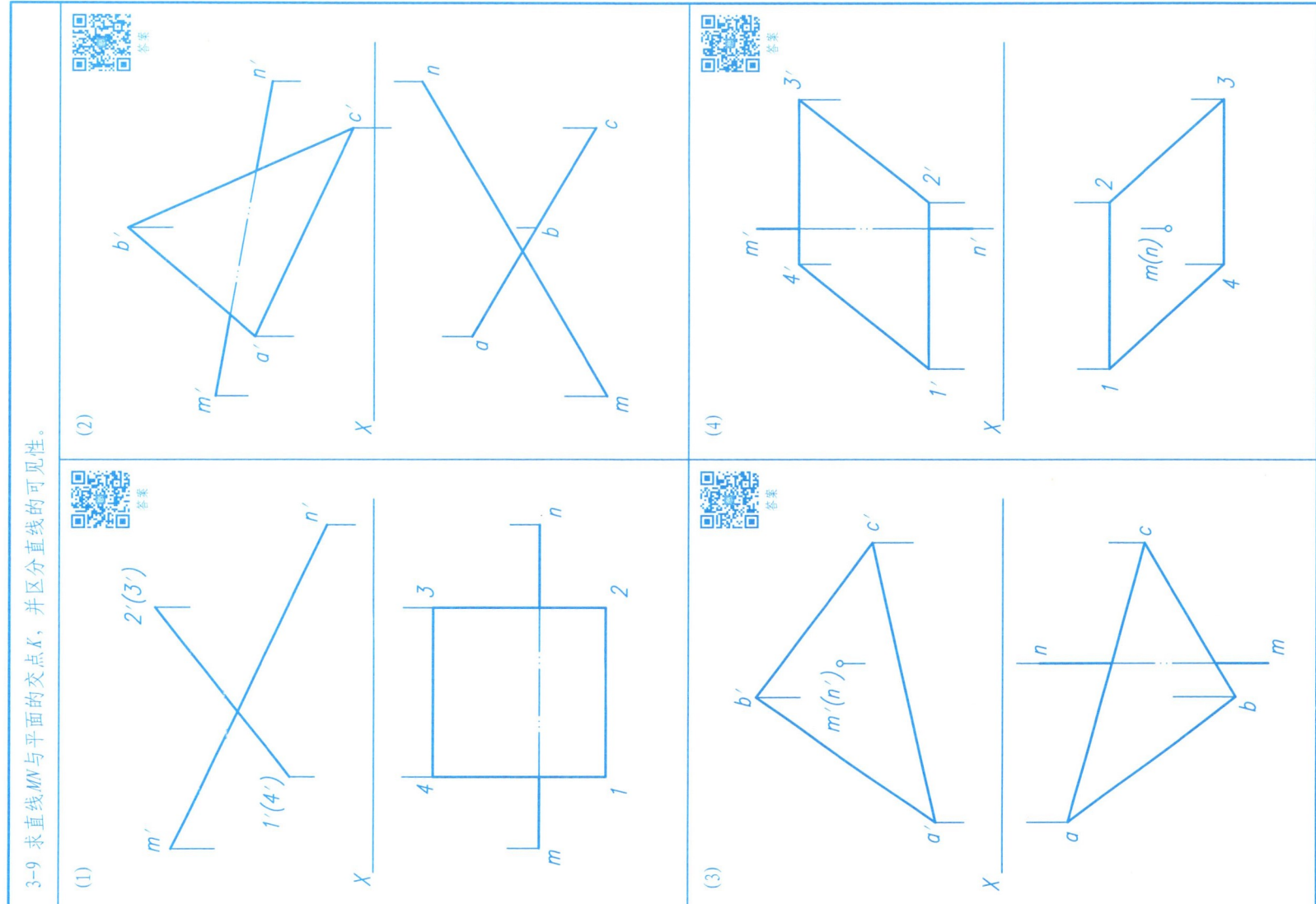

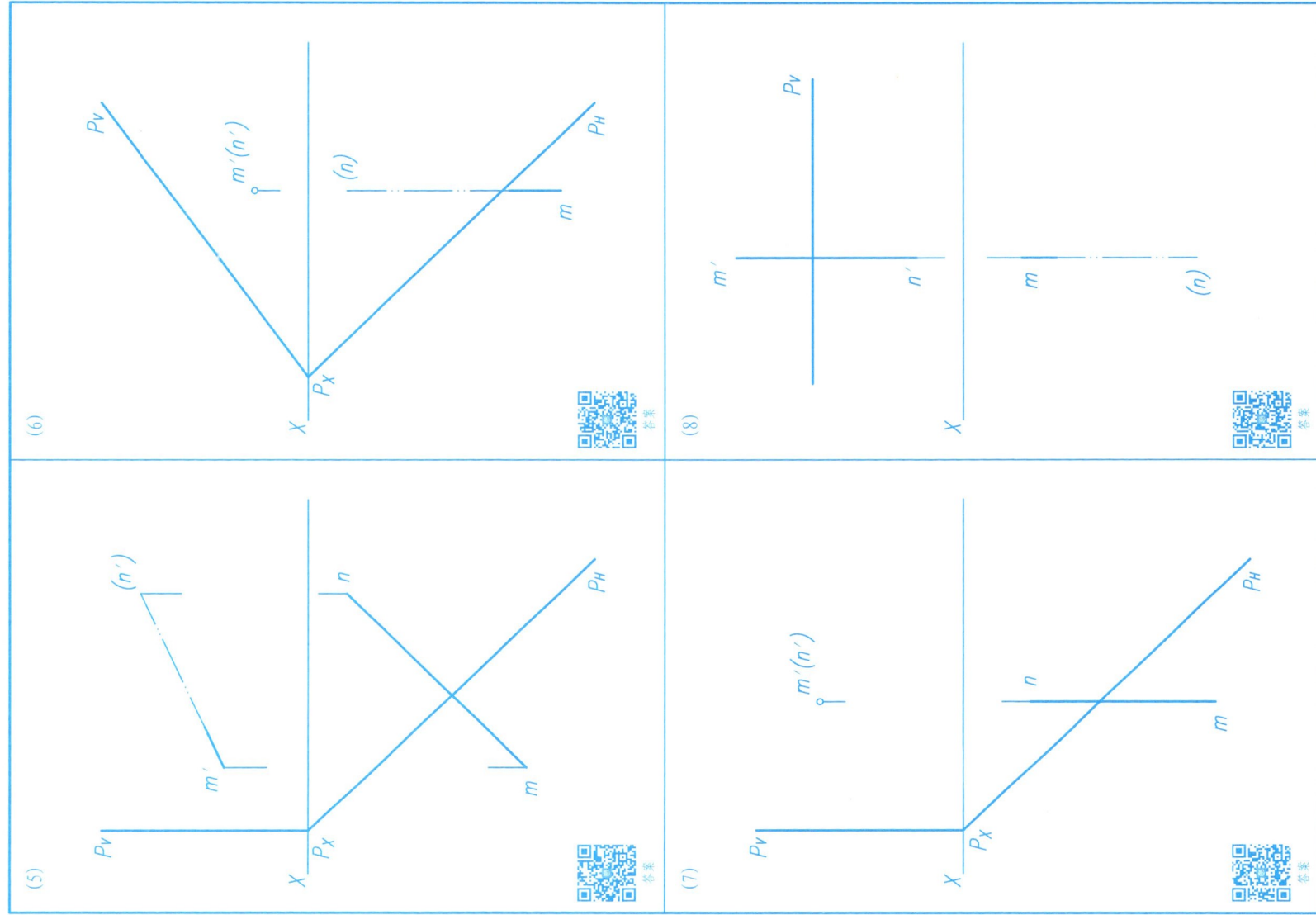

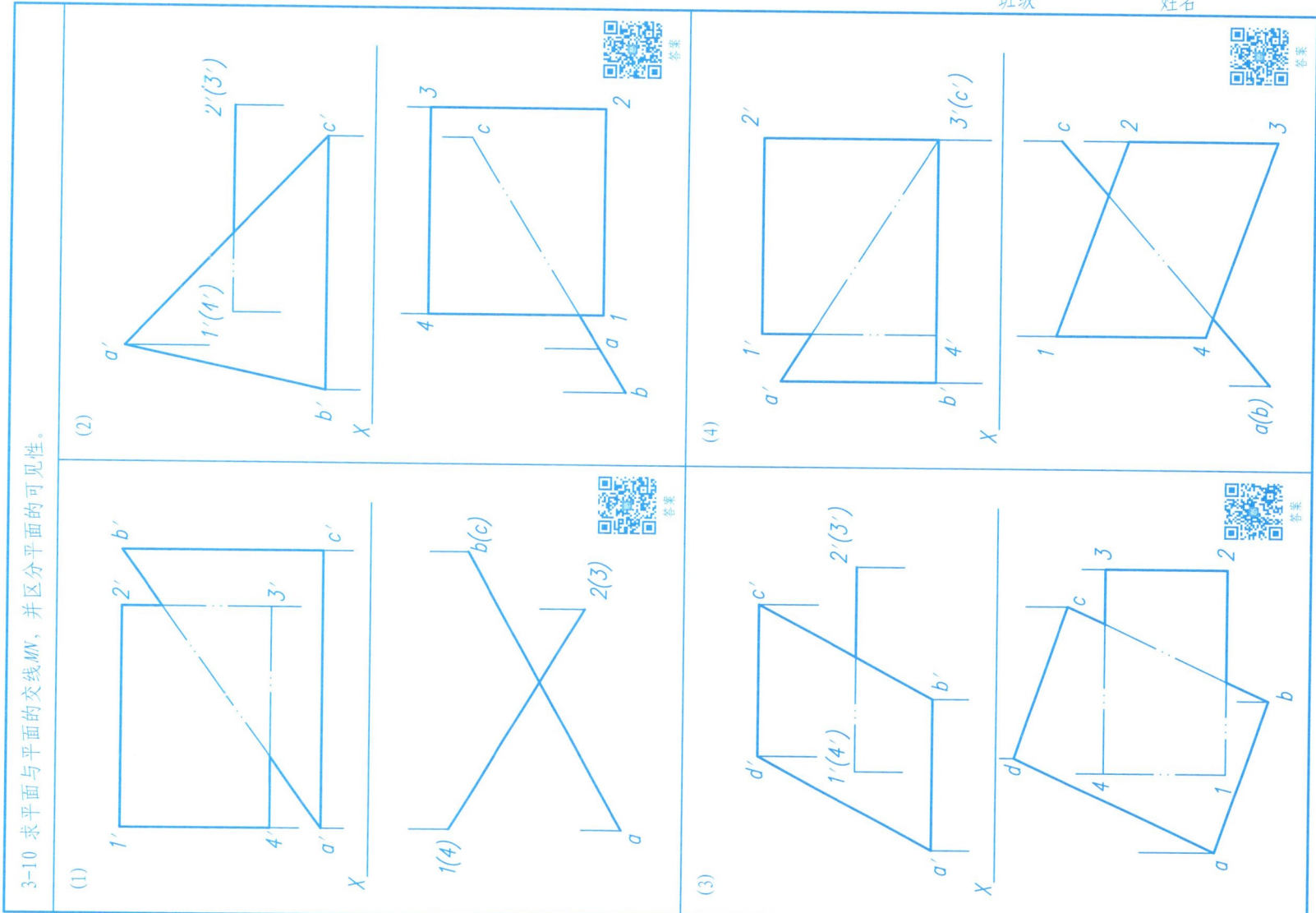

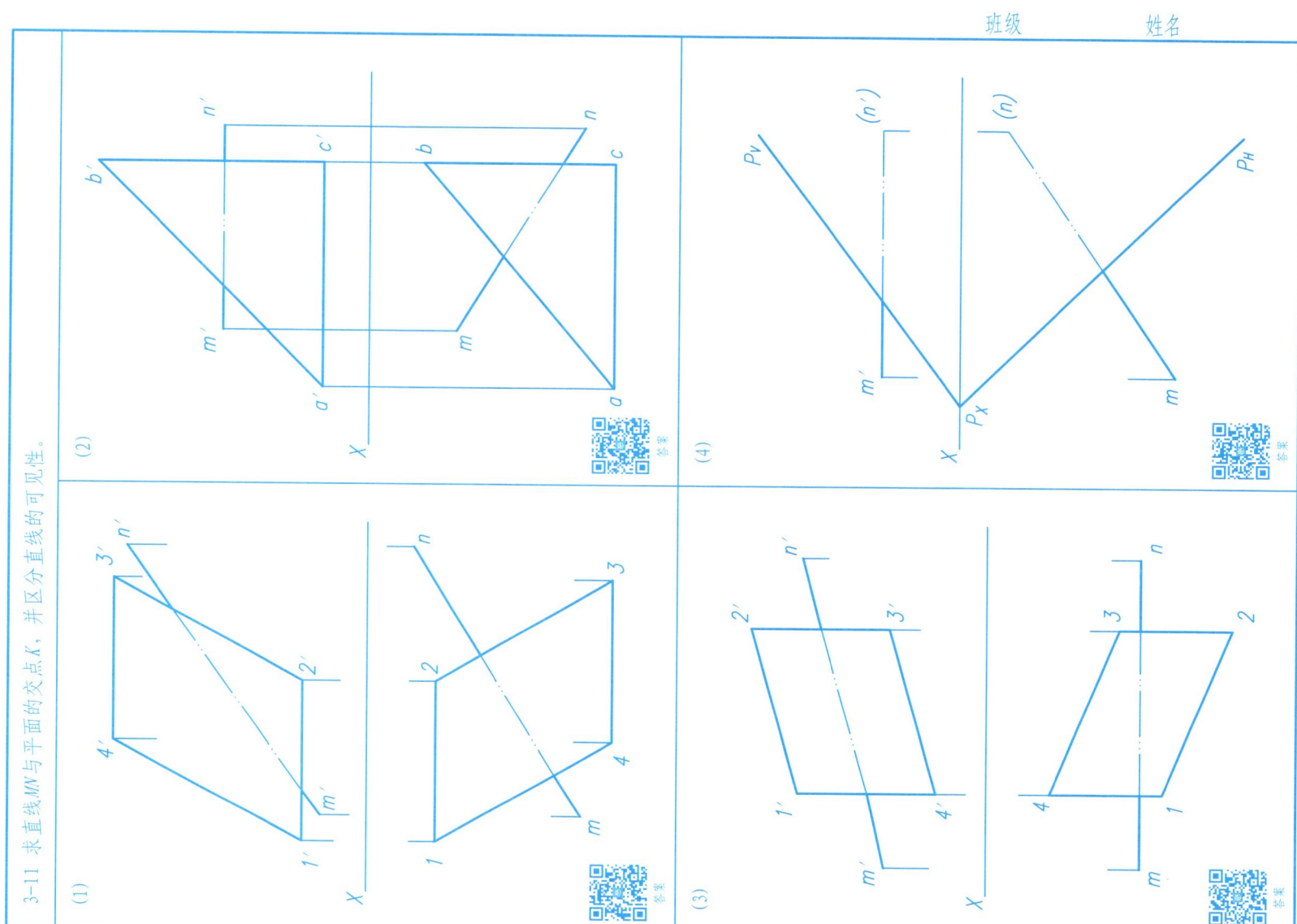

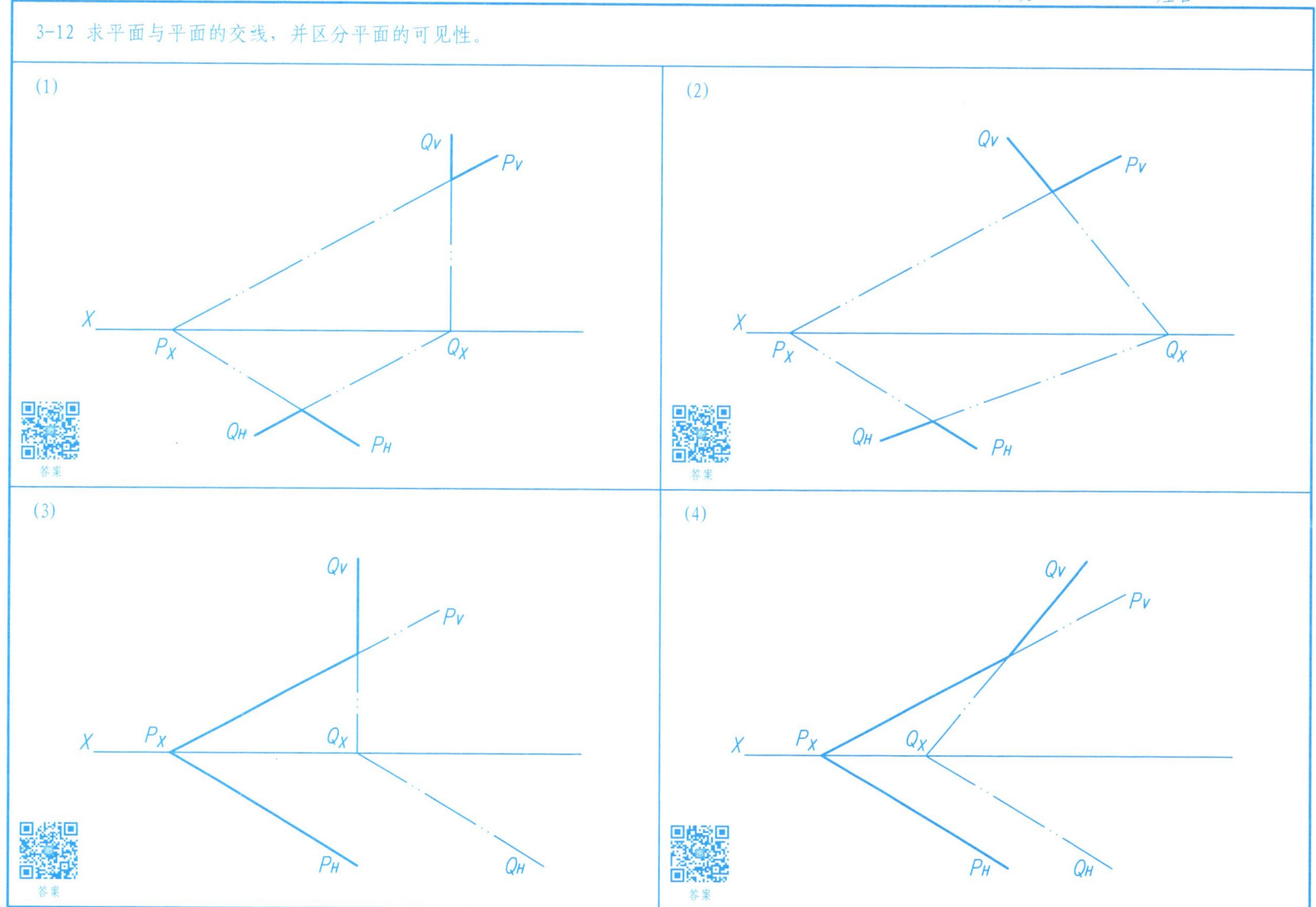

3-13 判断直线与平面是否垂直。

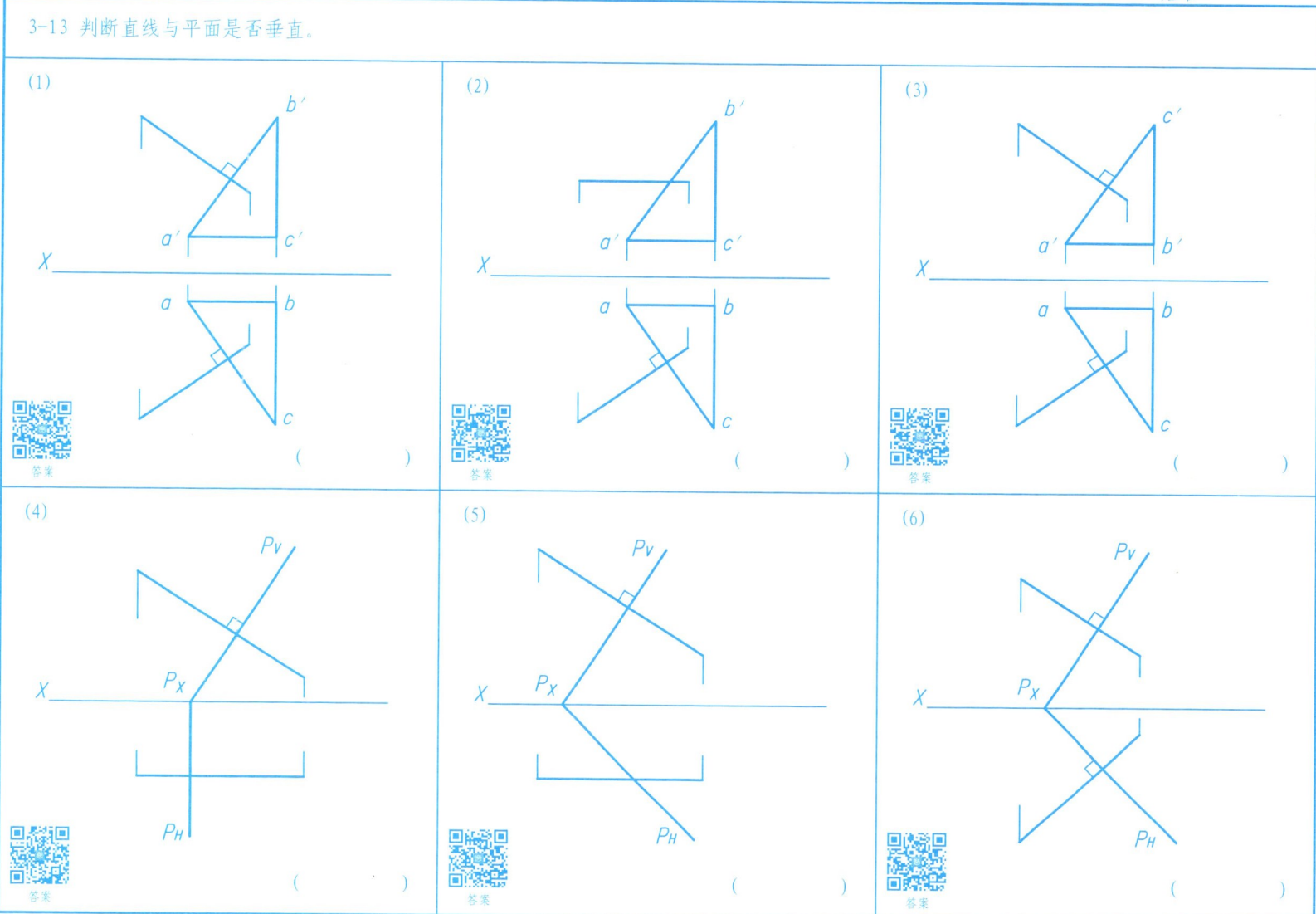

3-14 判断平面与平面是否垂直。

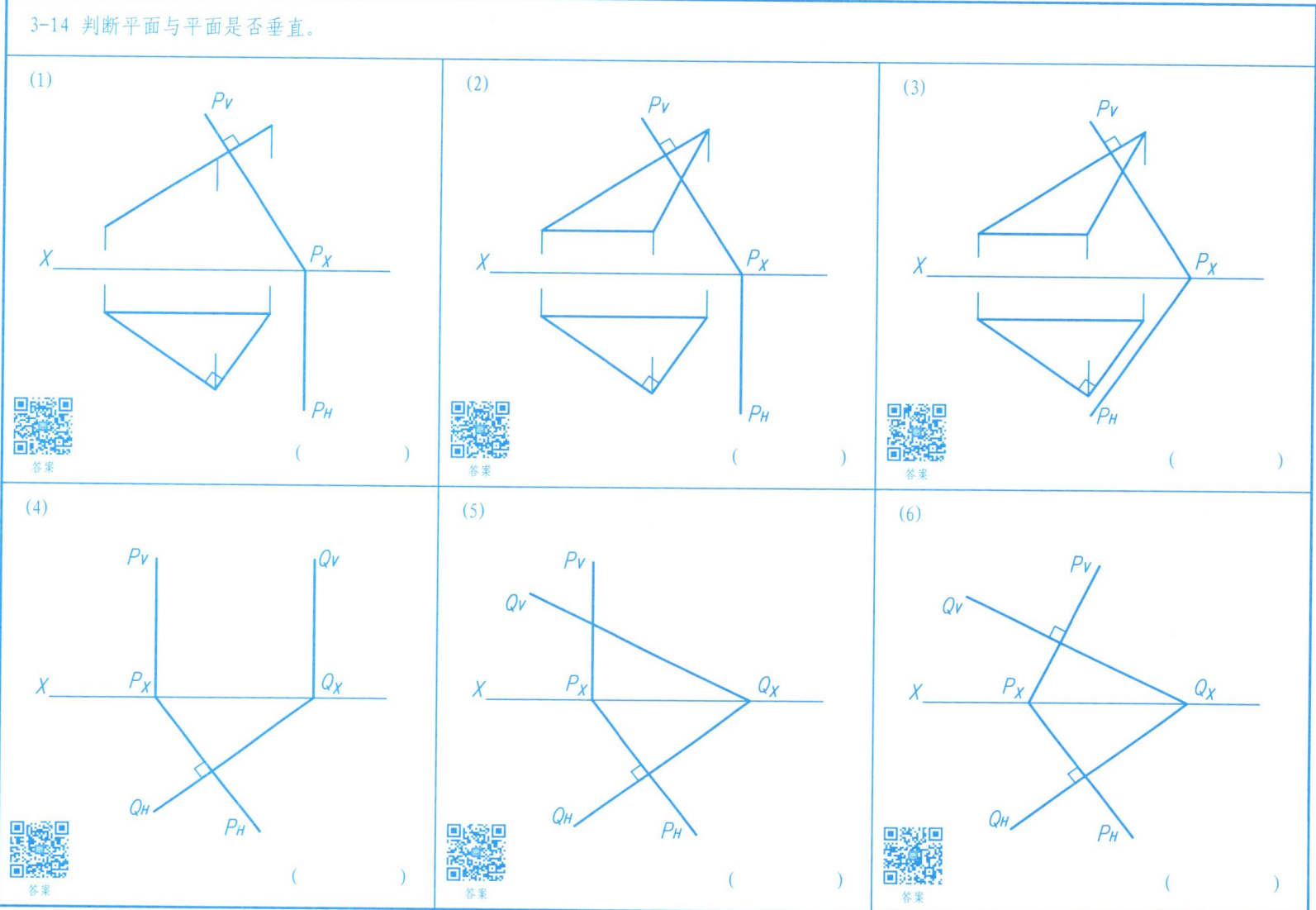

第4章 投影变换

4-1 求线段 AB 的实长及对 H 面的倾角 α。

4-2 将一般位置直线 AB 变换为投影面垂直线。

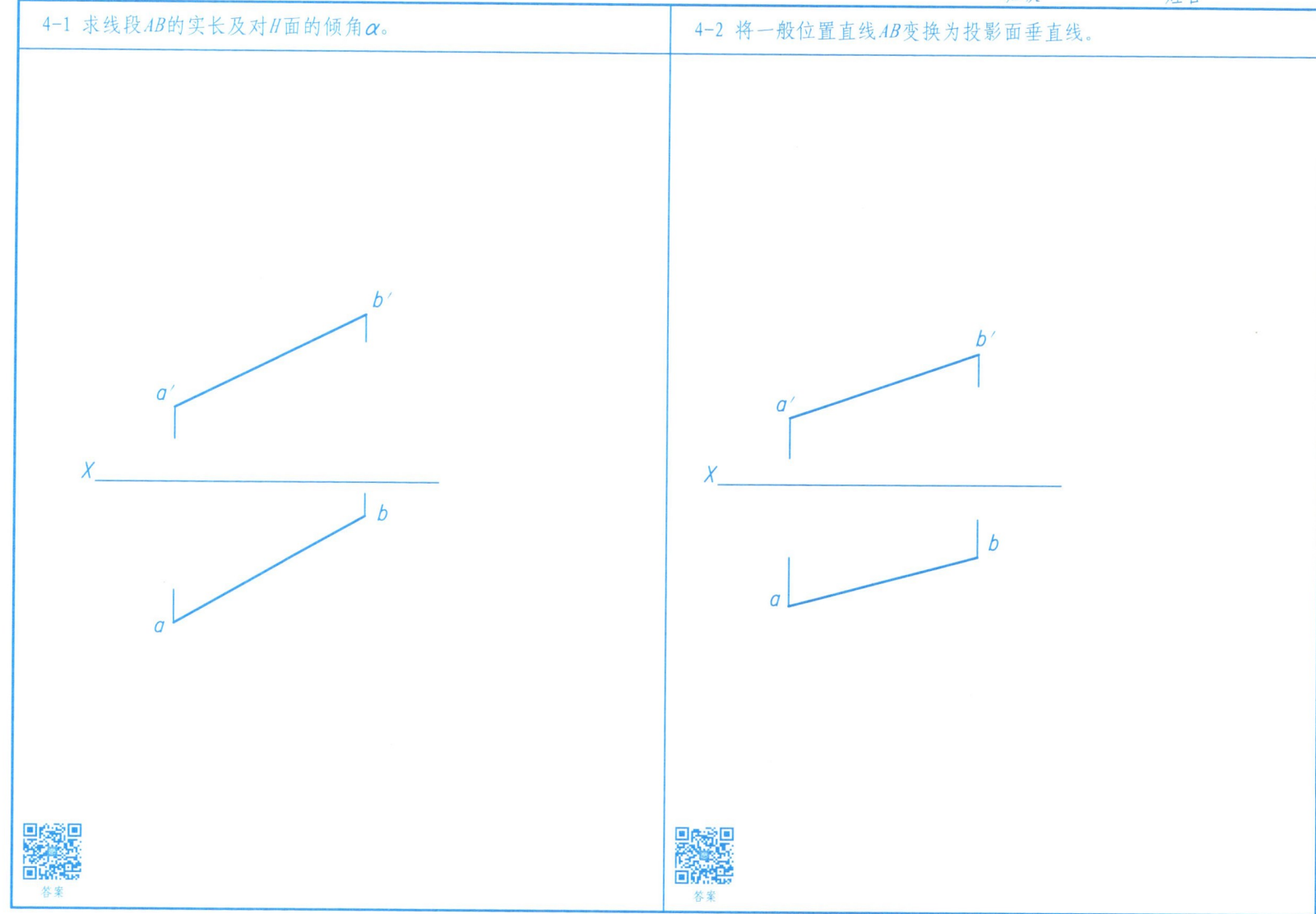

4-3 求三角形相对于水平投影面的倾角α。

4-4 求铅垂三角形的实形。

4-5 求线面交点 K 并判断直线的可见性。

4-6 已知 △ABC 与直线 EF 垂直，补全 △ABC 的水平投影，并求线面交点 K，判断直线的可见性。

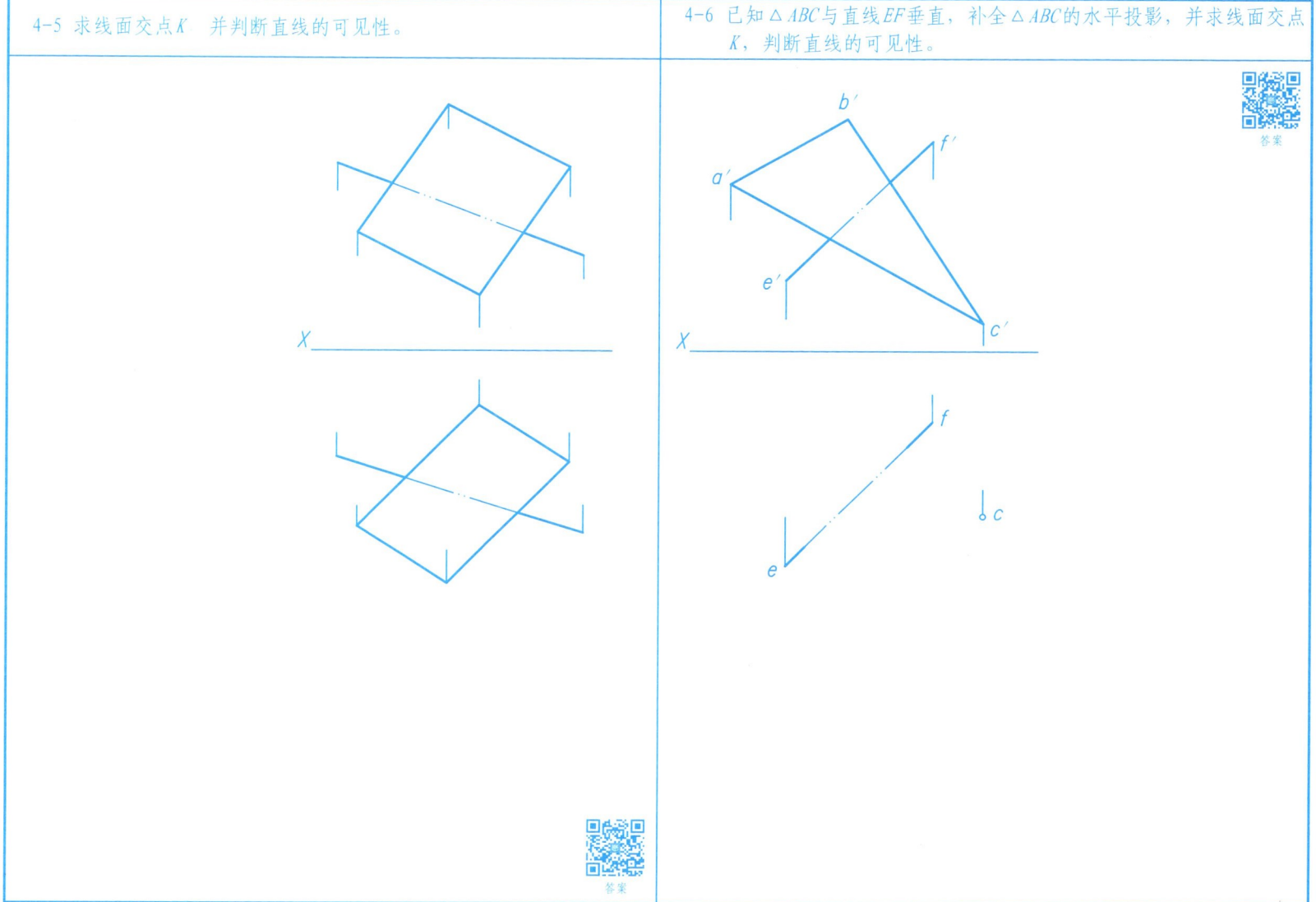

4-7 求两平面的交线 MN，并判断可见性。

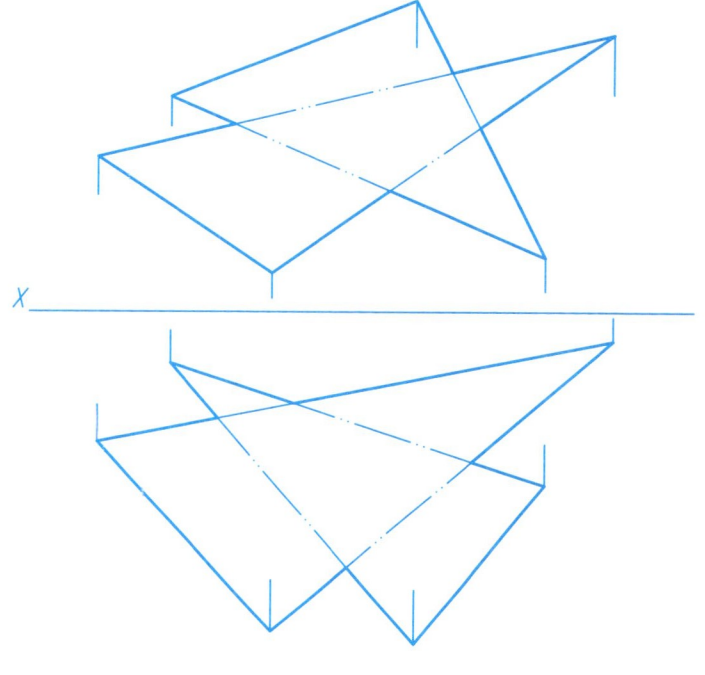

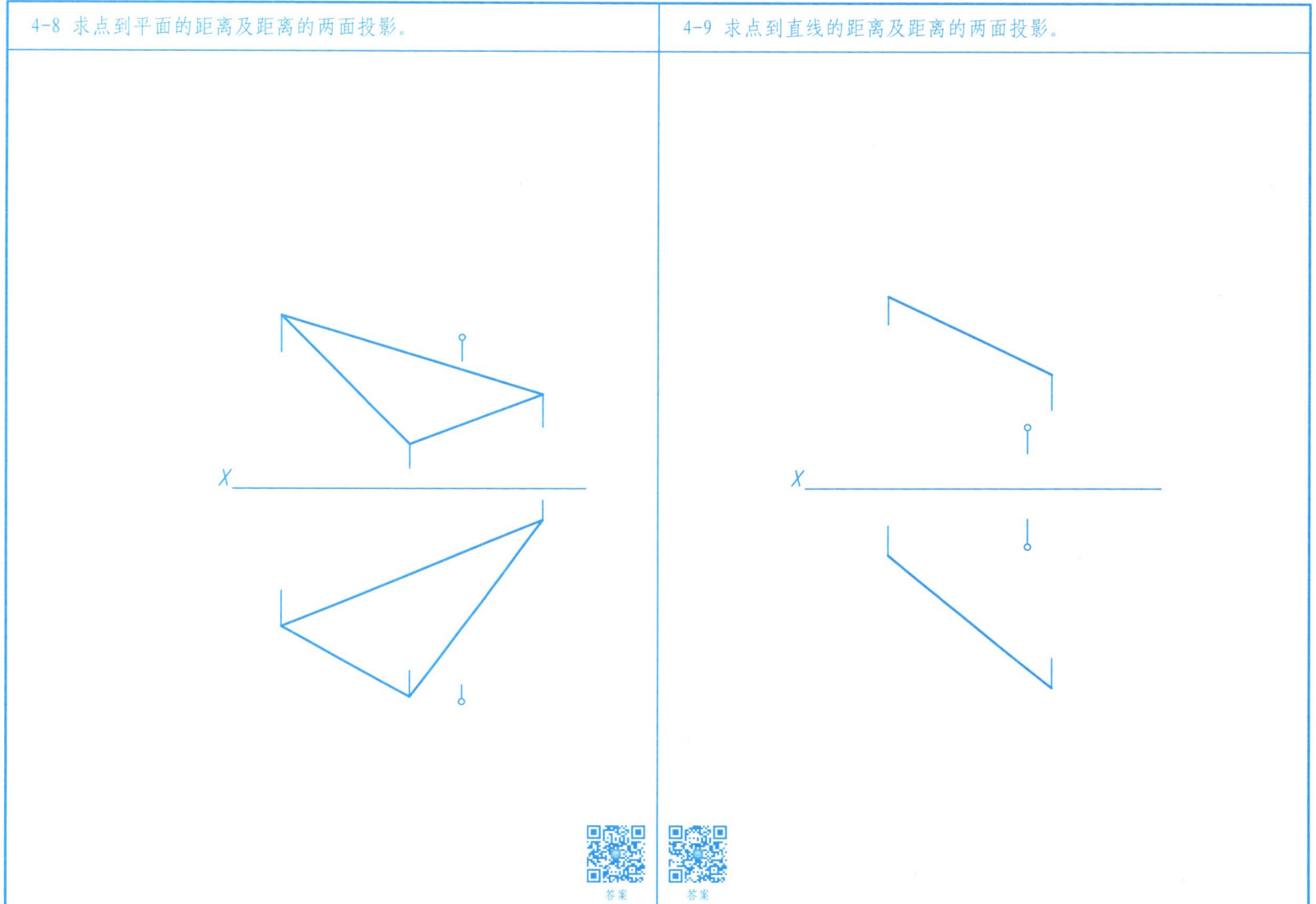

4-10 已知线段一端点的两面投影，另一端点在W面上，y坐标为25 mm，线段相对于水平投影面的倾角为30°，试完成线段的三面投影。

4-11 求两平行直线间的距离。

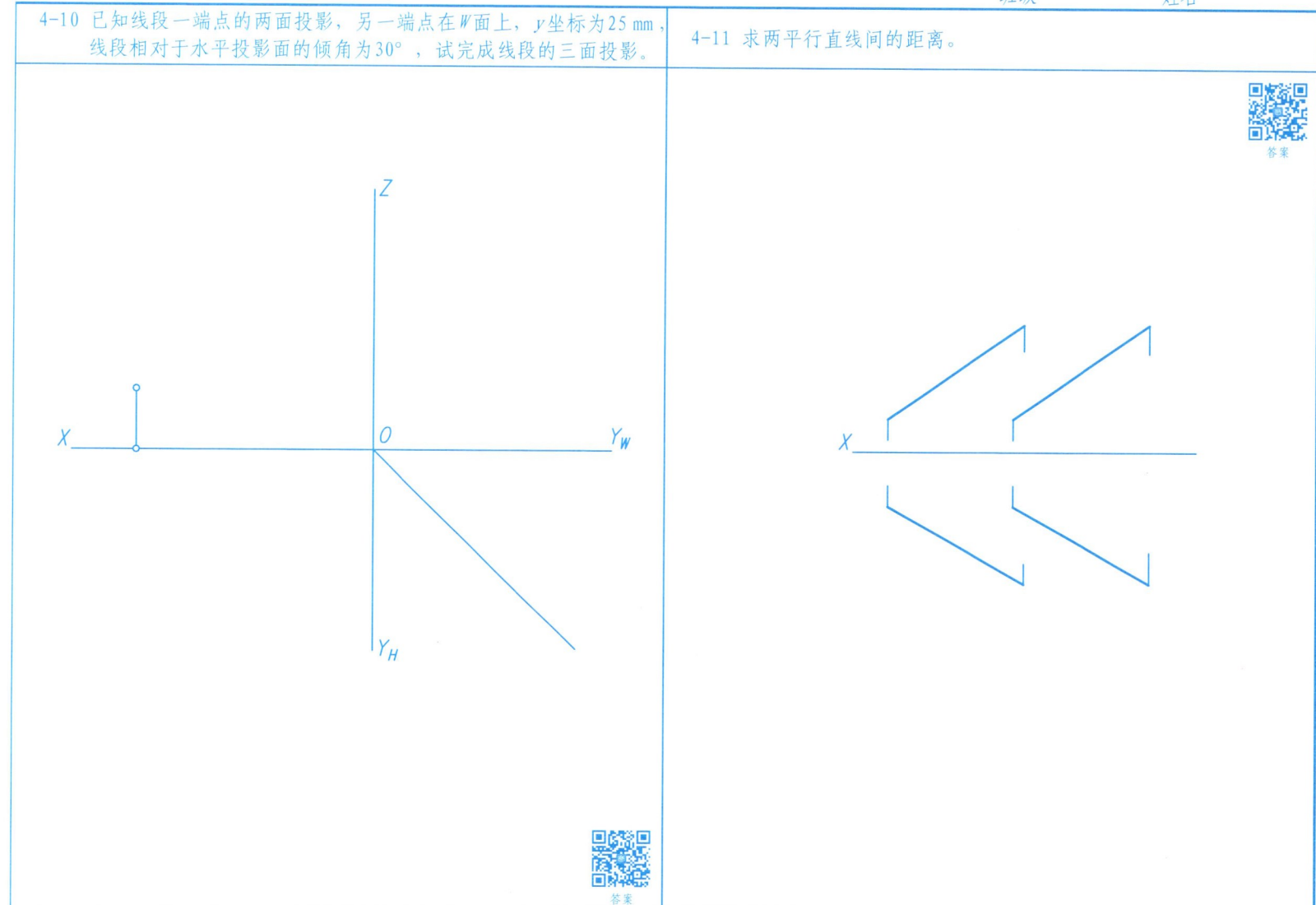

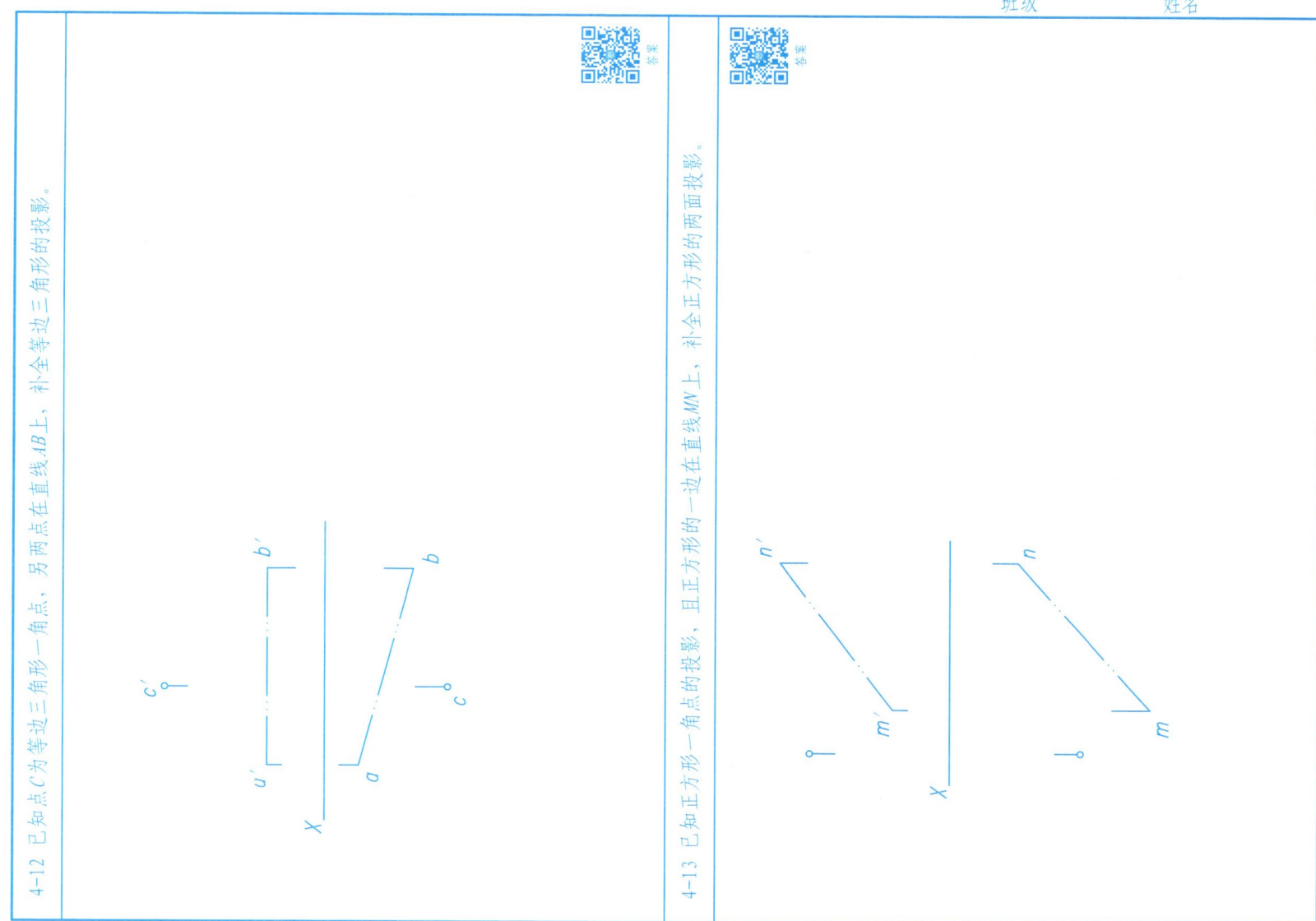

4-14 求作与交错两直线相交的公垂线 MN。

4-15 在直线 MN 上求一点 C，使 AC=BC。

4-16 已知点 E 到 $\triangle ABC$ 的距离为 20 mm，求点 E 的正面投影（两解，只求一解）。

4-17 线段 AC 为正方形 $ABCD$ 的对角线，正方形一顶点到水平投影面的距离为 10 mm，完成正方形四边的两面投影（有两解，只求一解）。

第5章 平面立体的投影   班级　　　　姓名

5-1 已知平面立体的两个投影,求作第三个投影,并补作形体表面上已知点的其余两个投影。

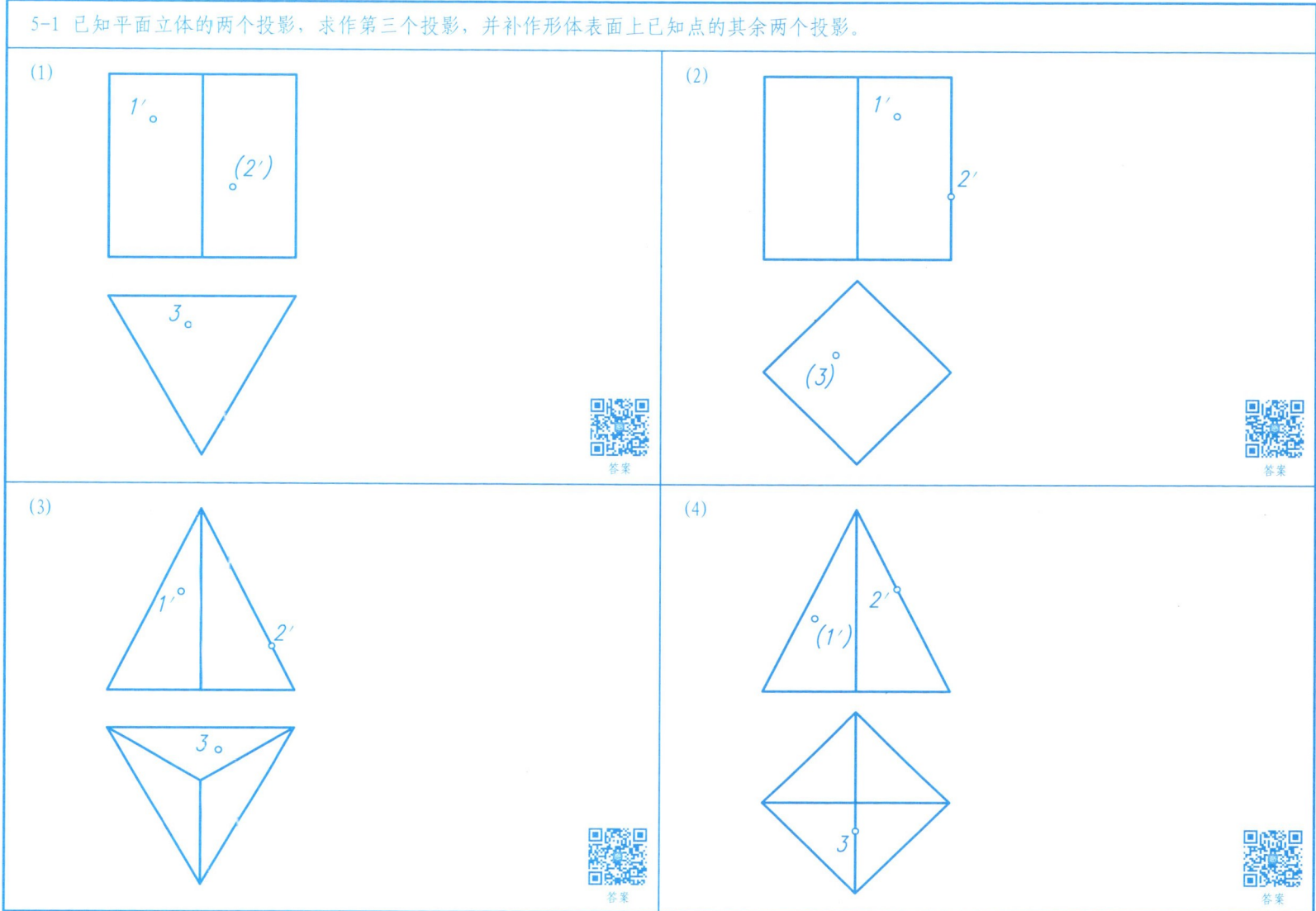

5-2 完成截切三棱柱的侧面投影，并补全水平投影。

(1)

(2)

(3)

(4)

5-3 完成截切四棱柱的侧面投影,并补全水平投影。

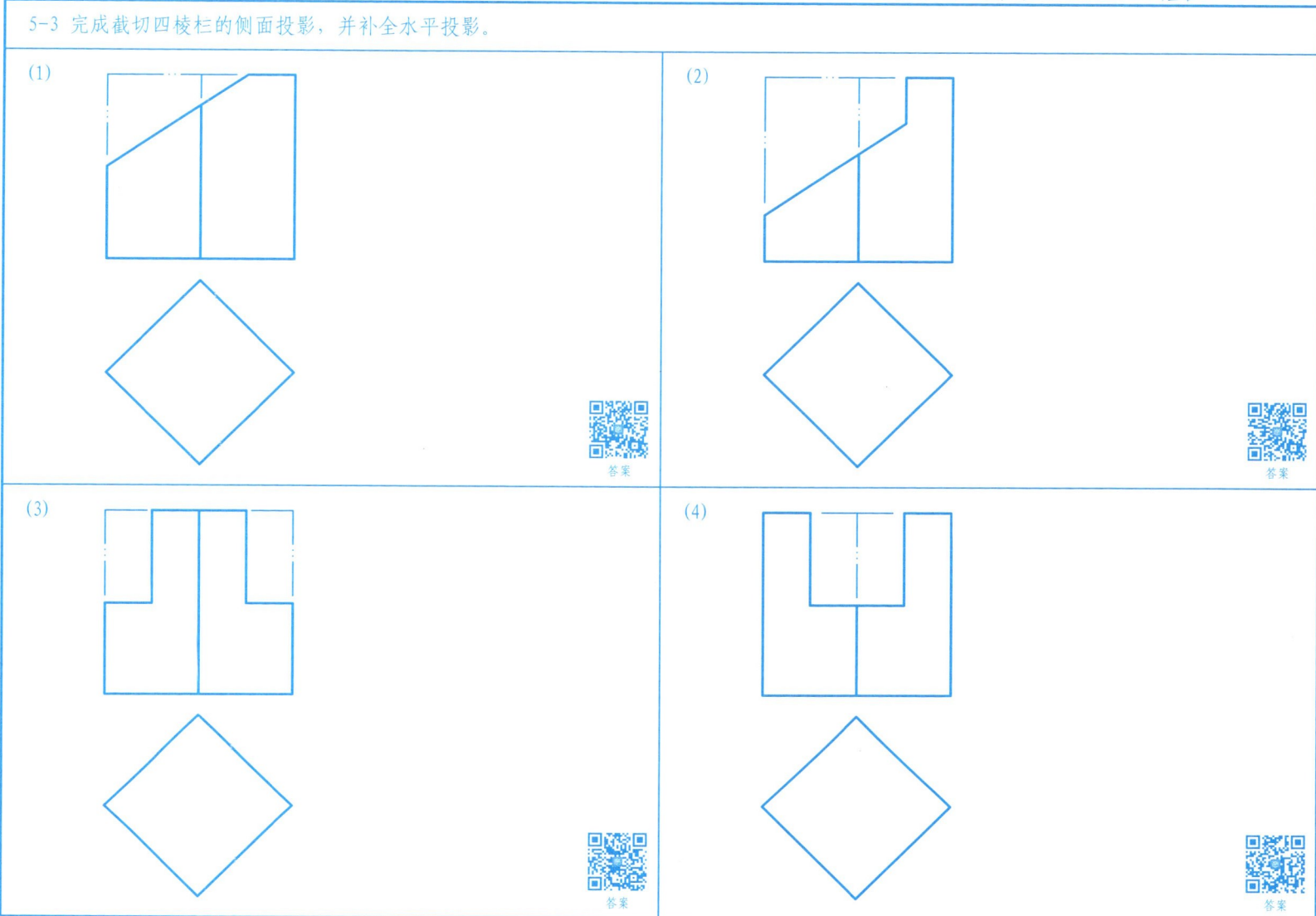

5-4 求作开槽四棱锥的侧面投影,并补全水平投影。

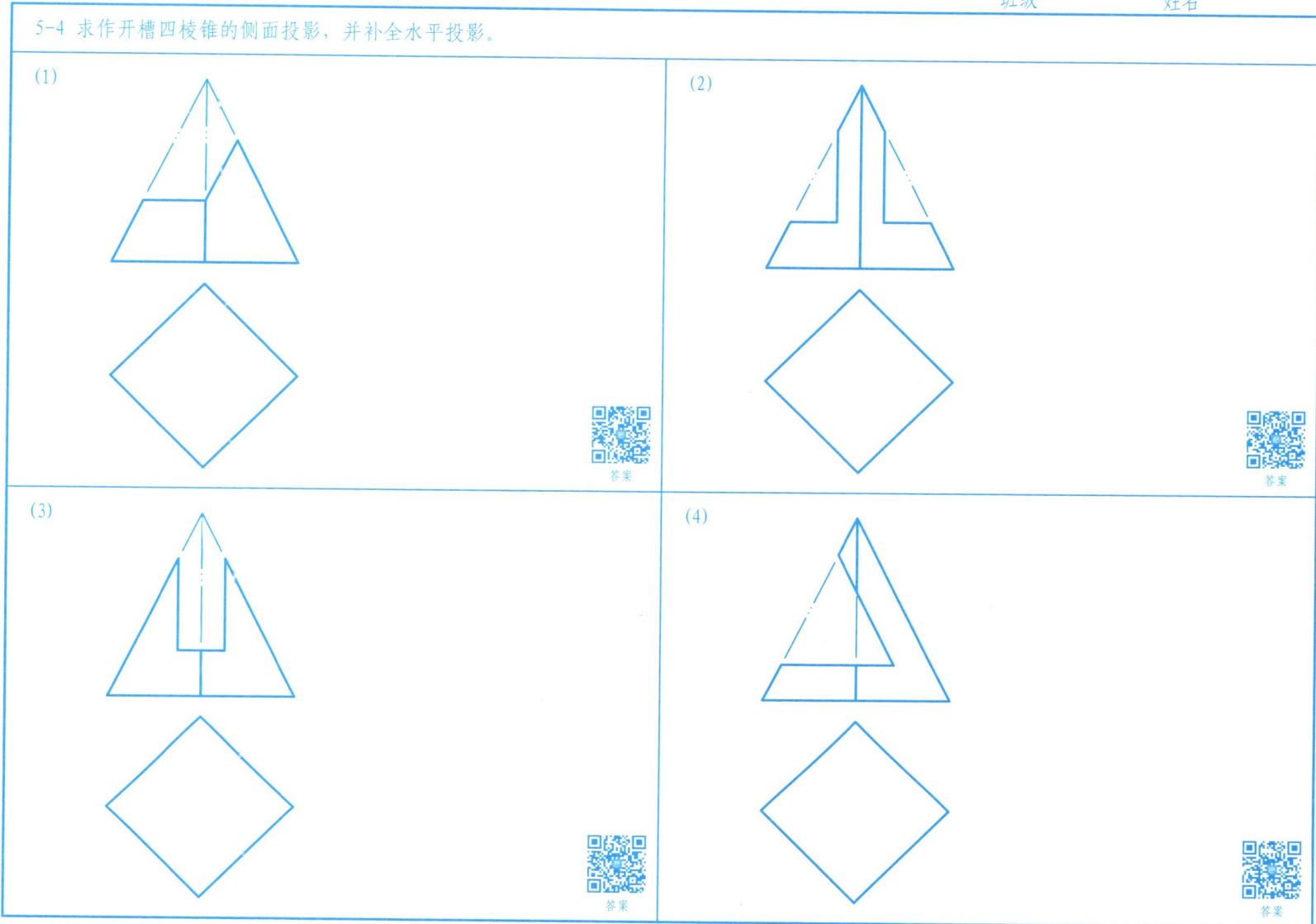

5-5 求作开槽三棱锥的侧面投影，并补全水平投影。

(1)

(2)

(3)

(4)

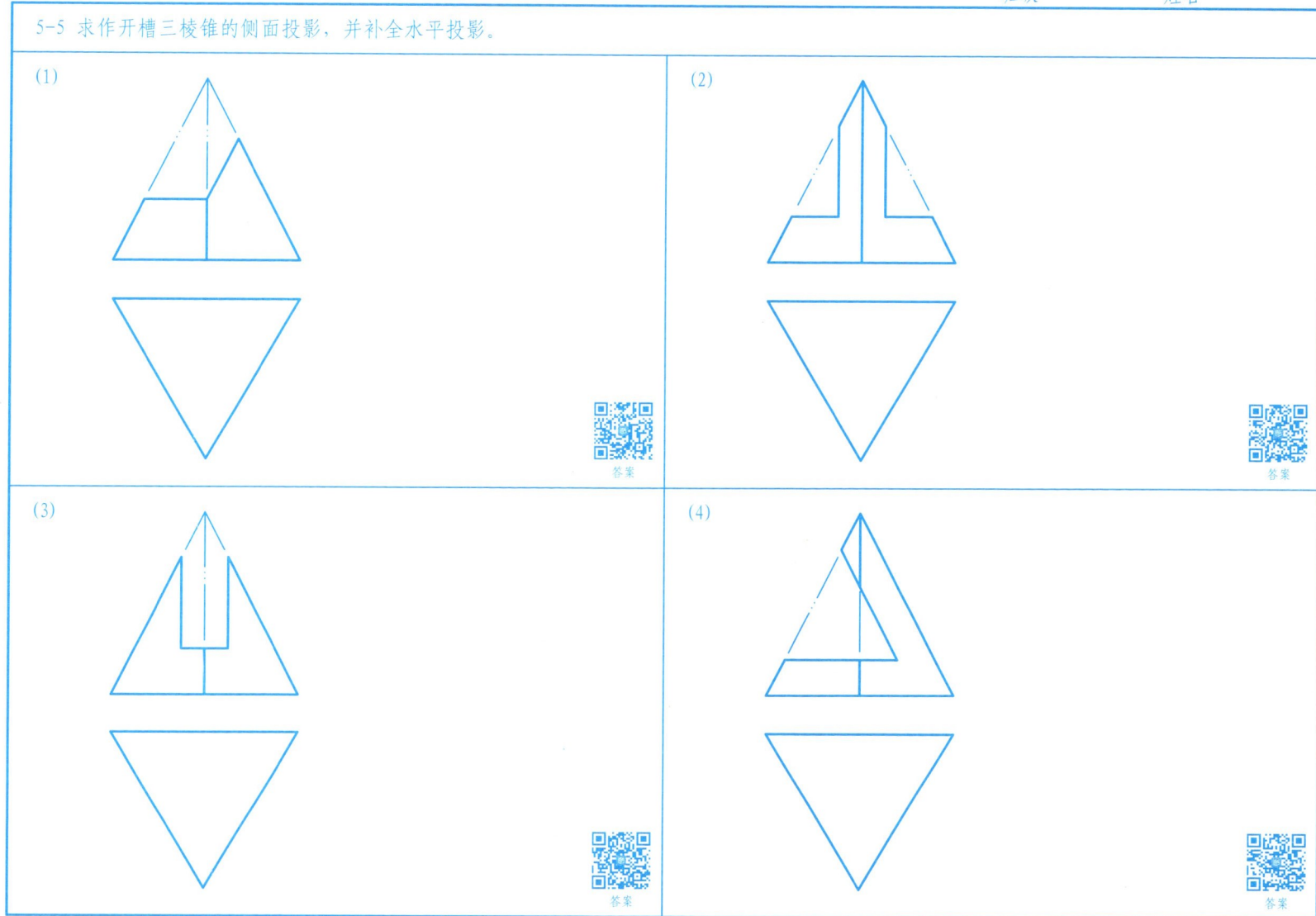

5-6 由辅助投影求作开槽三棱柱的正面投影，并补全水平投影。

(1)

(2)

5-7 由辅助投影求作开槽四棱锥的正面投影，并补全水平投影。

(1)

(2)

5-8 求作穿洞形体的侧面投影，并补全水平投影。

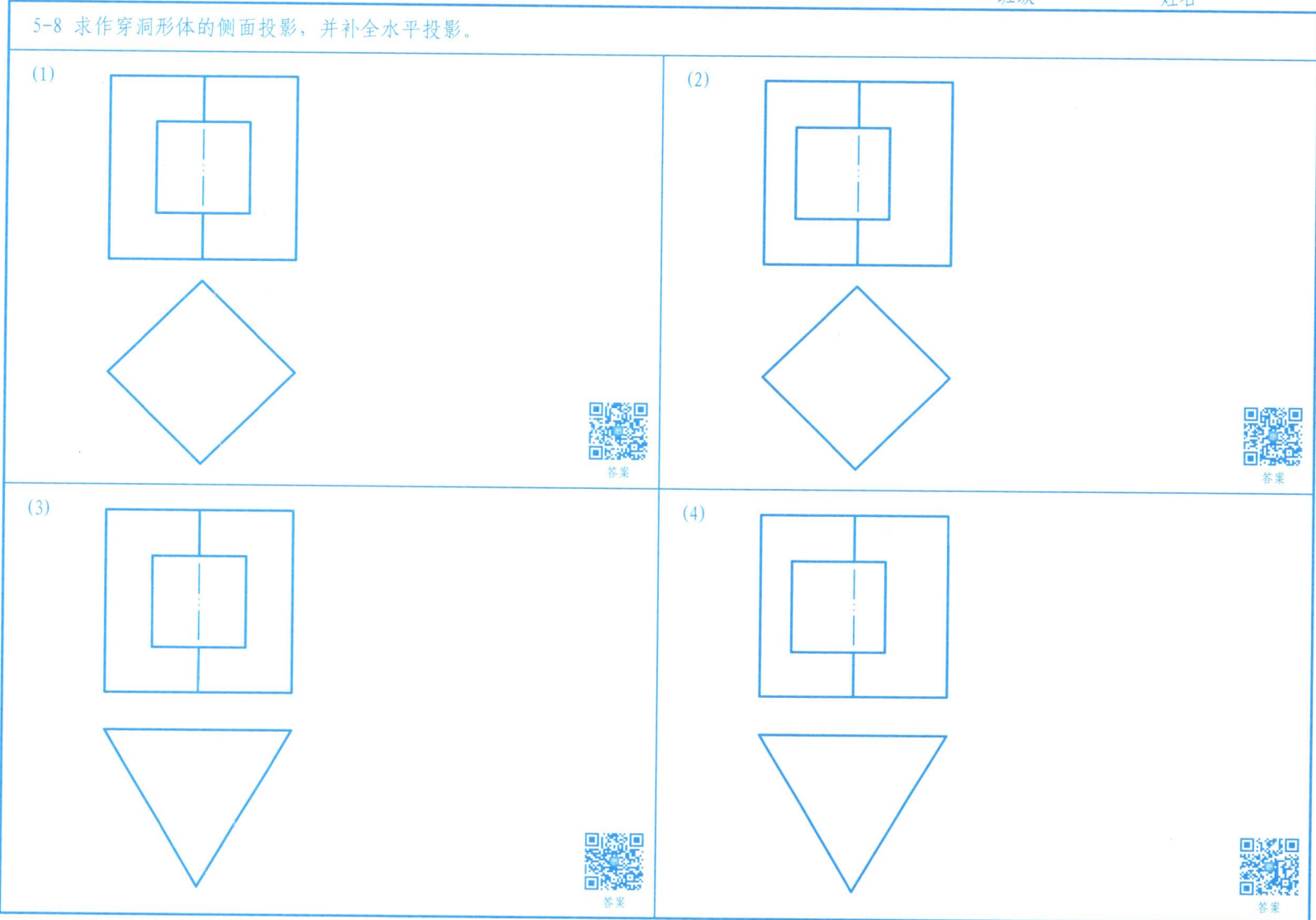

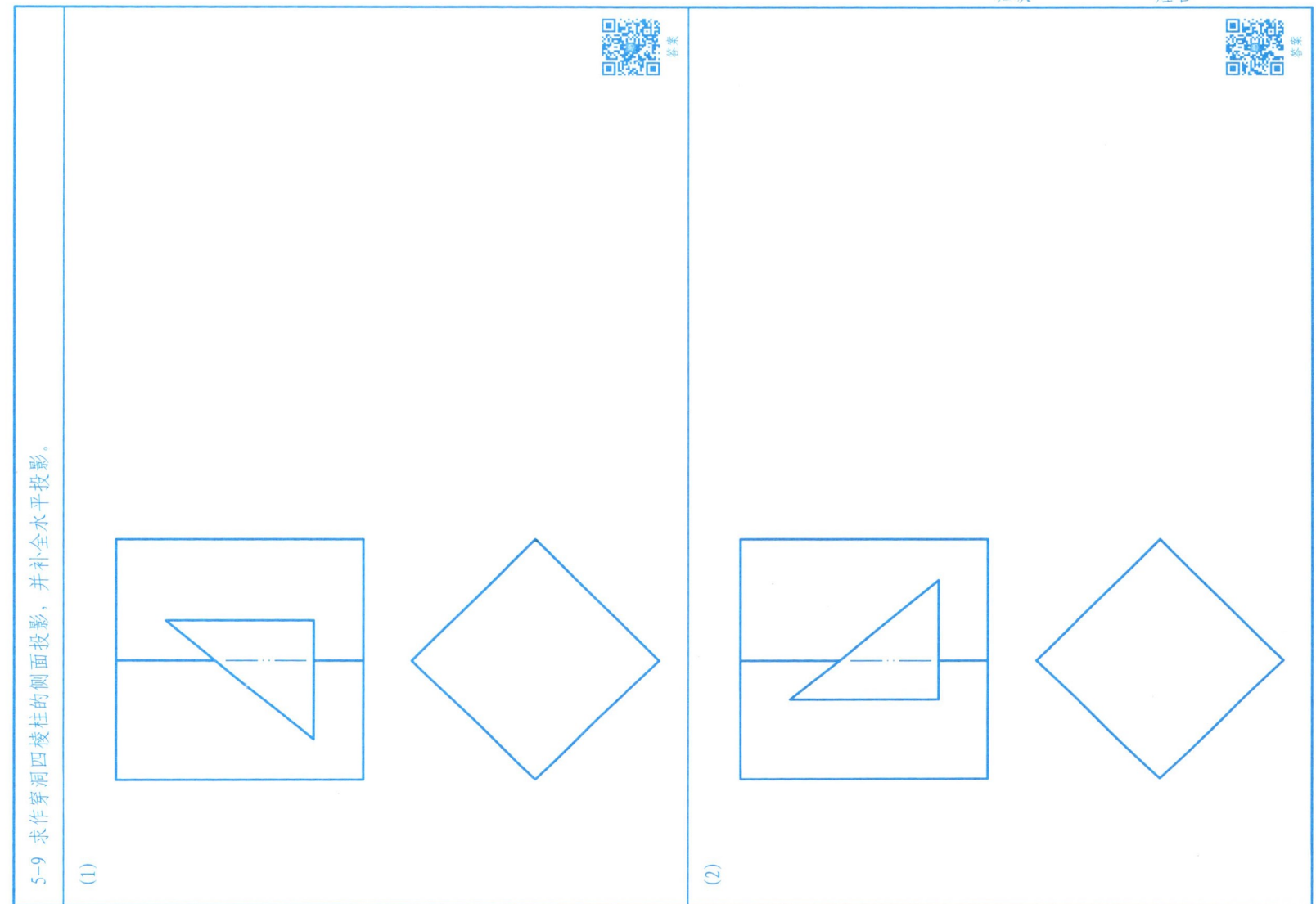

5-10 求作穿洞三棱柱的侧面投影，并补全水平投影。

(1)

(2)

5-11 求作穿洞四棱台的侧面投影,并补全水平投影。

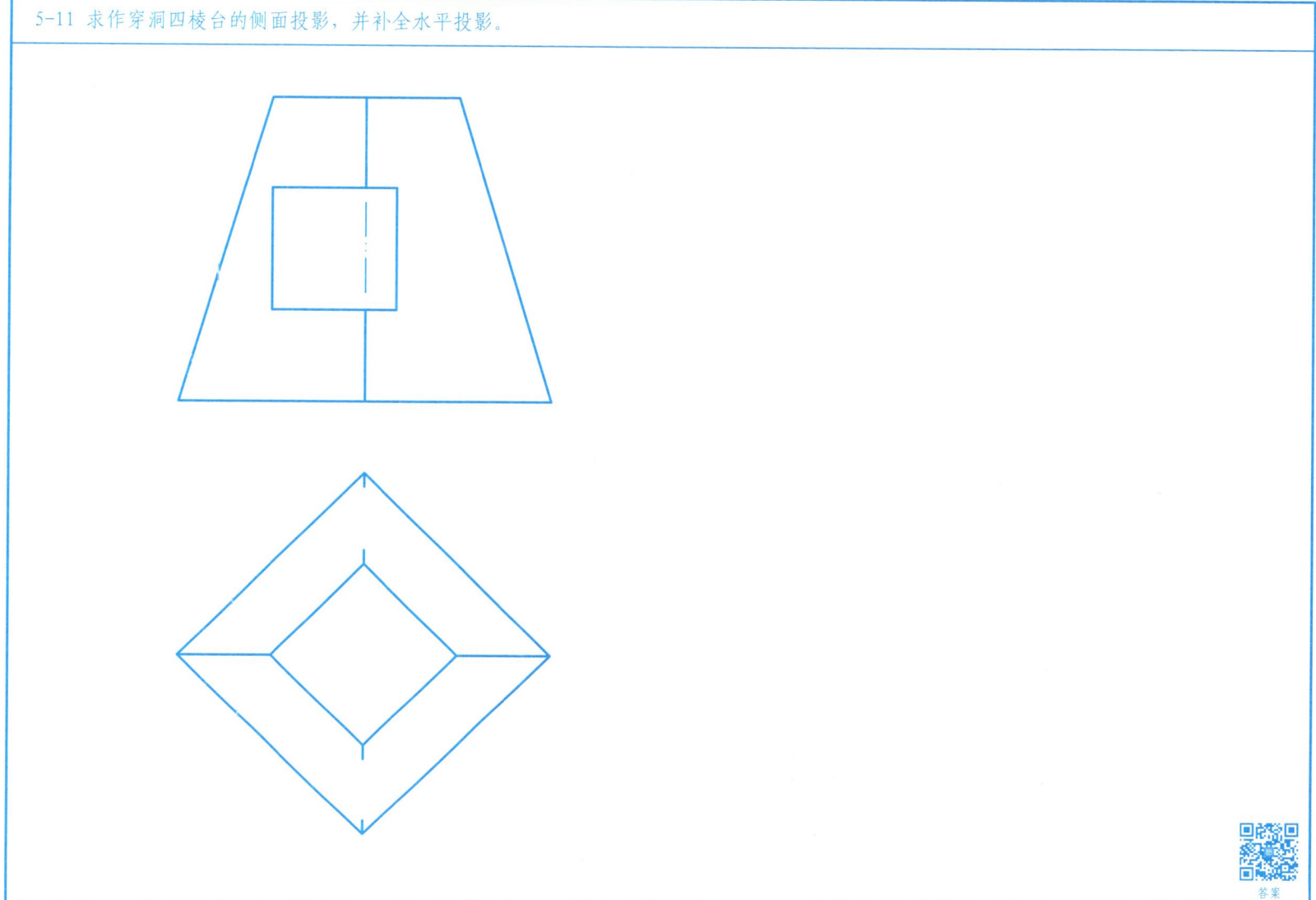

5-12 求作穿洞六棱柱的正面投影，并补全水平投影。

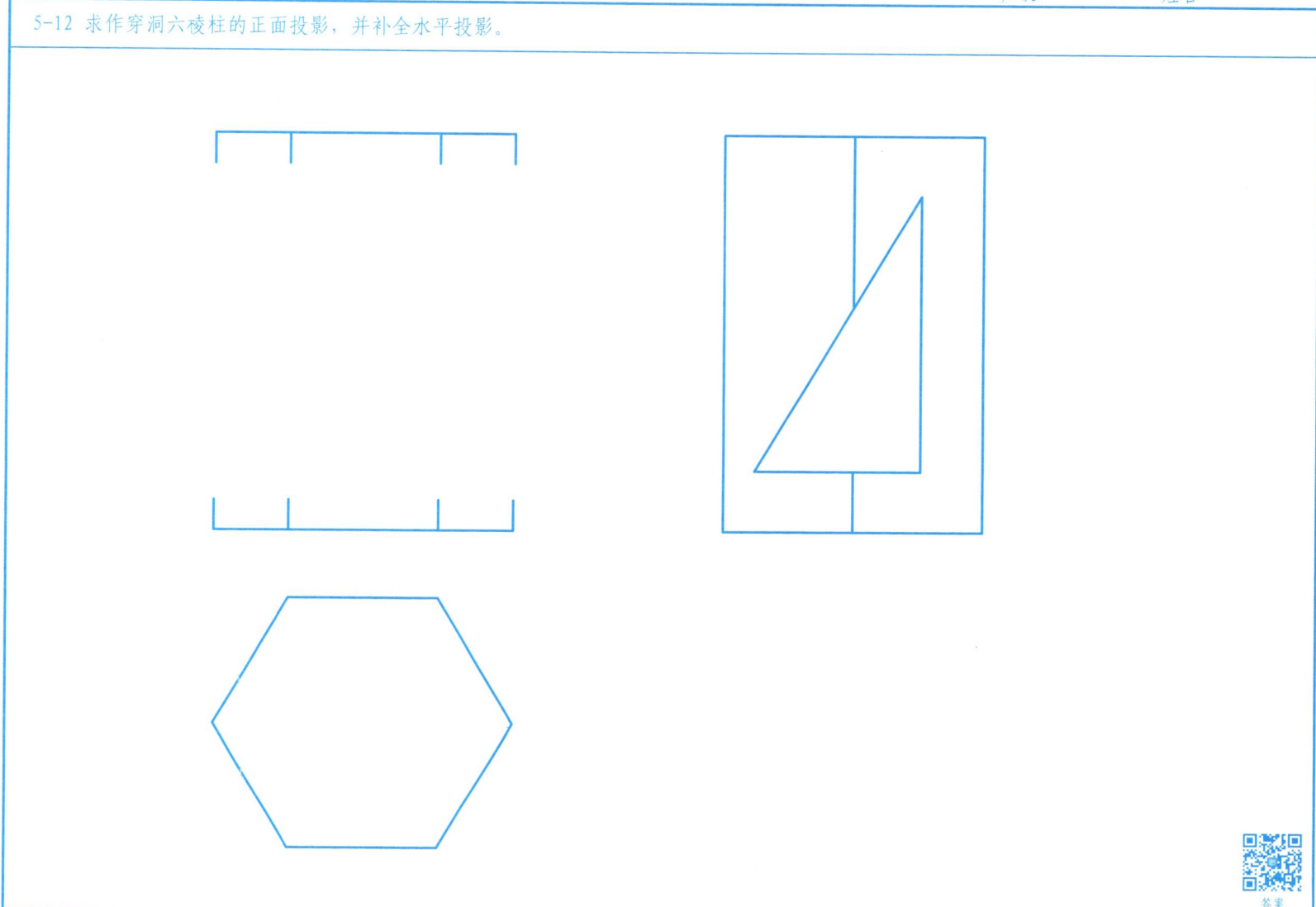

5-13 求作三棱柱与四棱柱的相贯线。

(1)

(2)

43

5-14 求作四棱柱与六棱锥的相贯线。

(1)

(2)

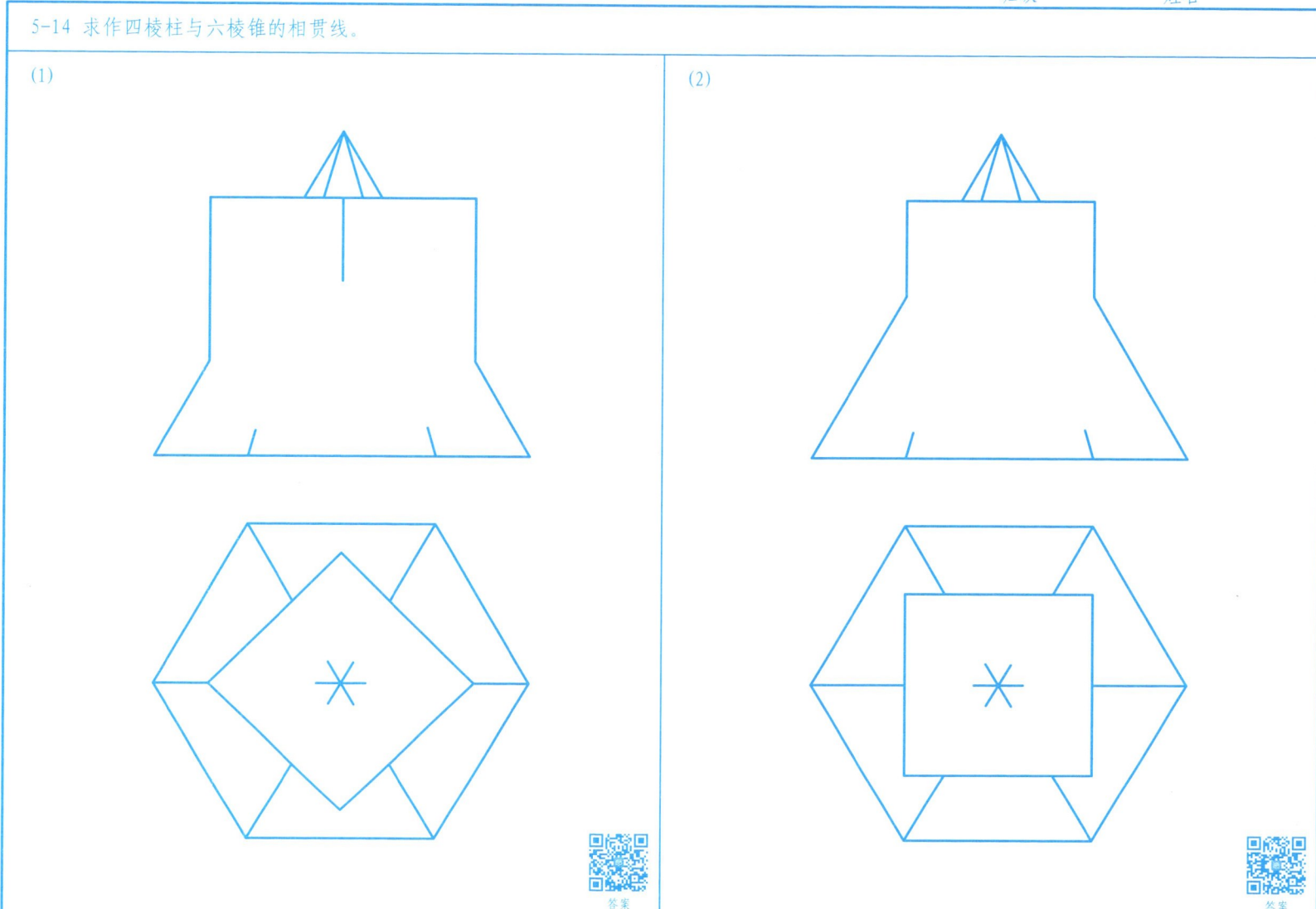

5-15 求作两相贯平面立体的水平投影。

(1)

(2)

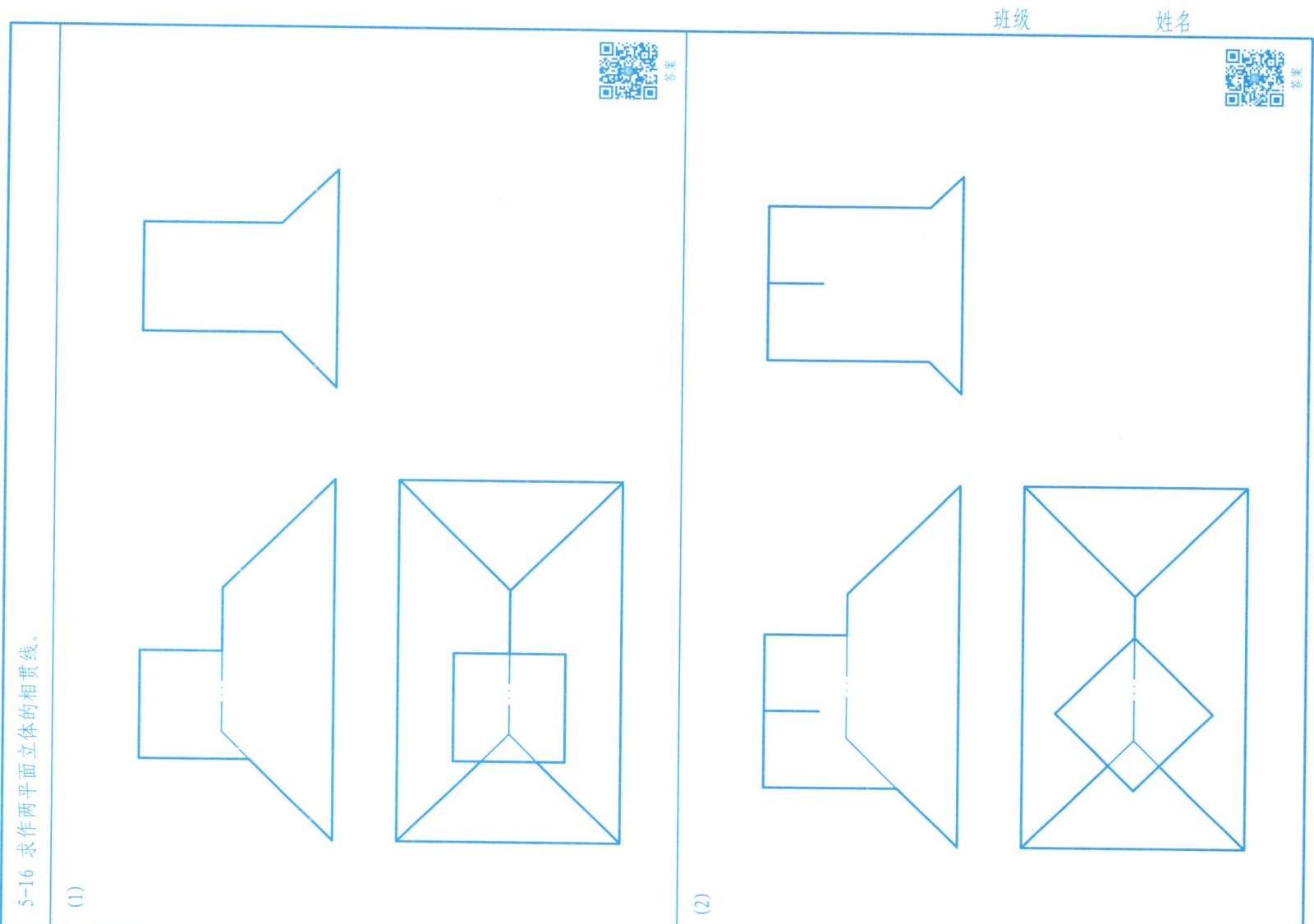

5-17 三棱锥与三棱柱相贯，求作相贯线。

(1)

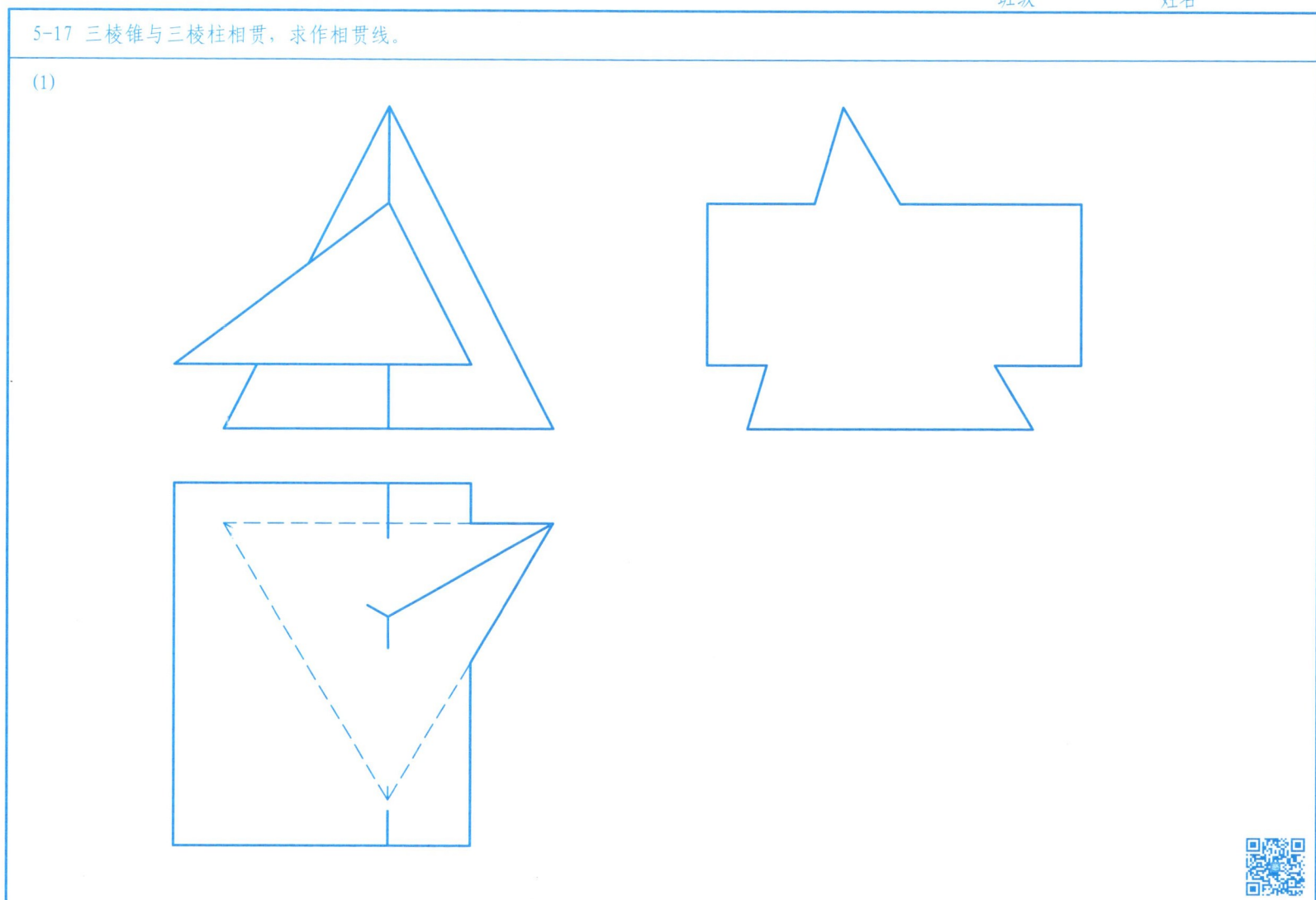

(2)

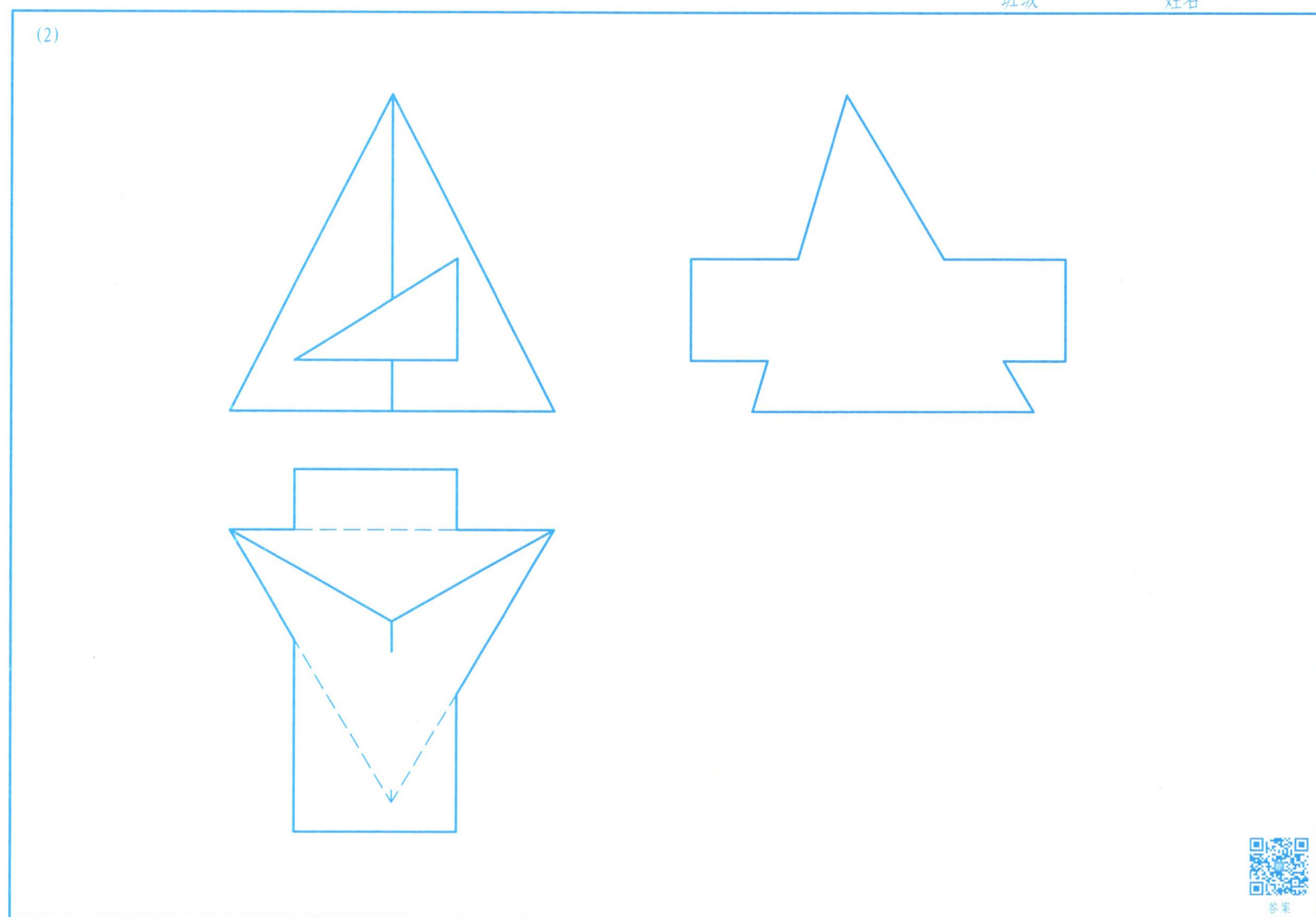

5-18 求作平面立体的相贯线。

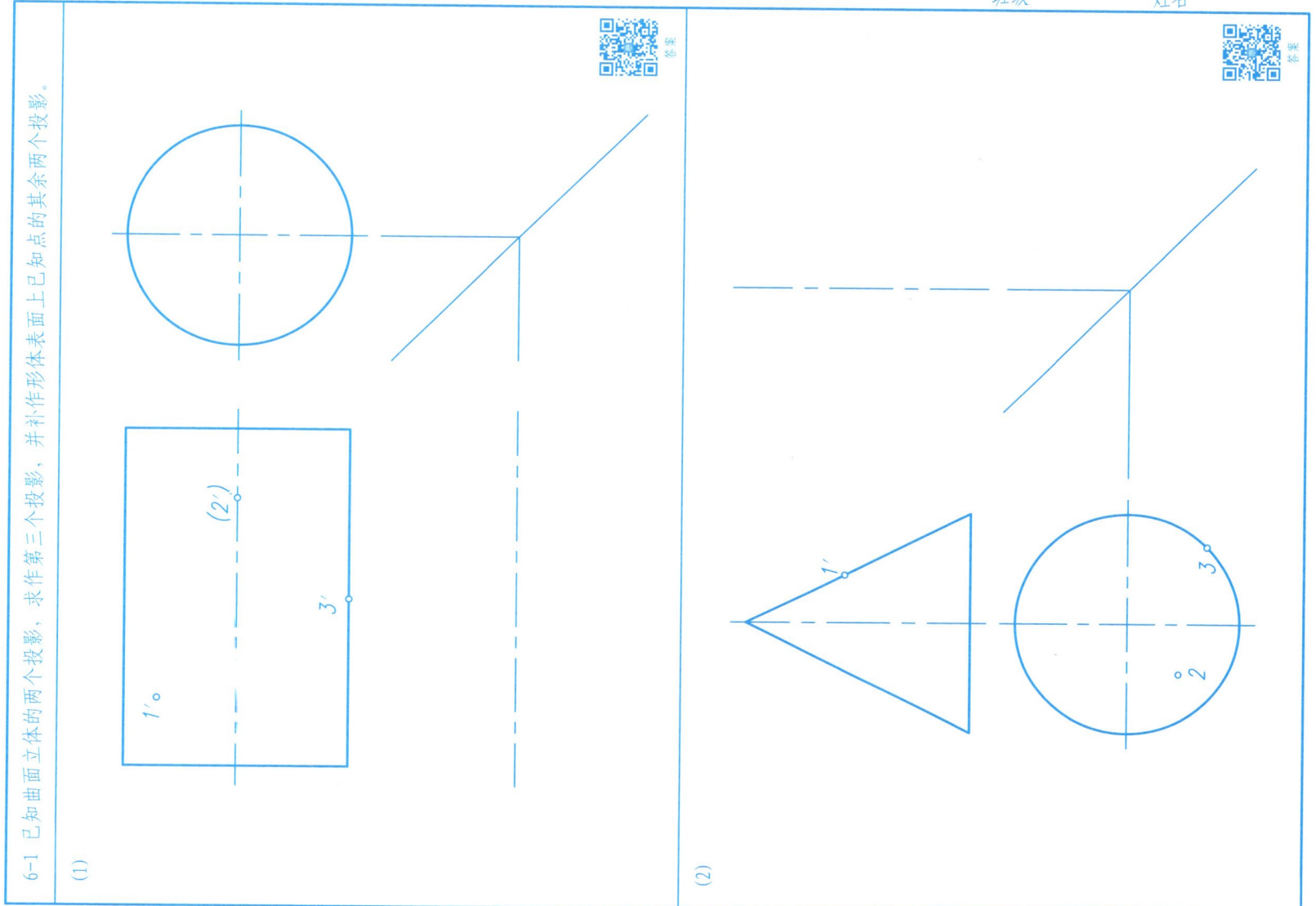

(3)

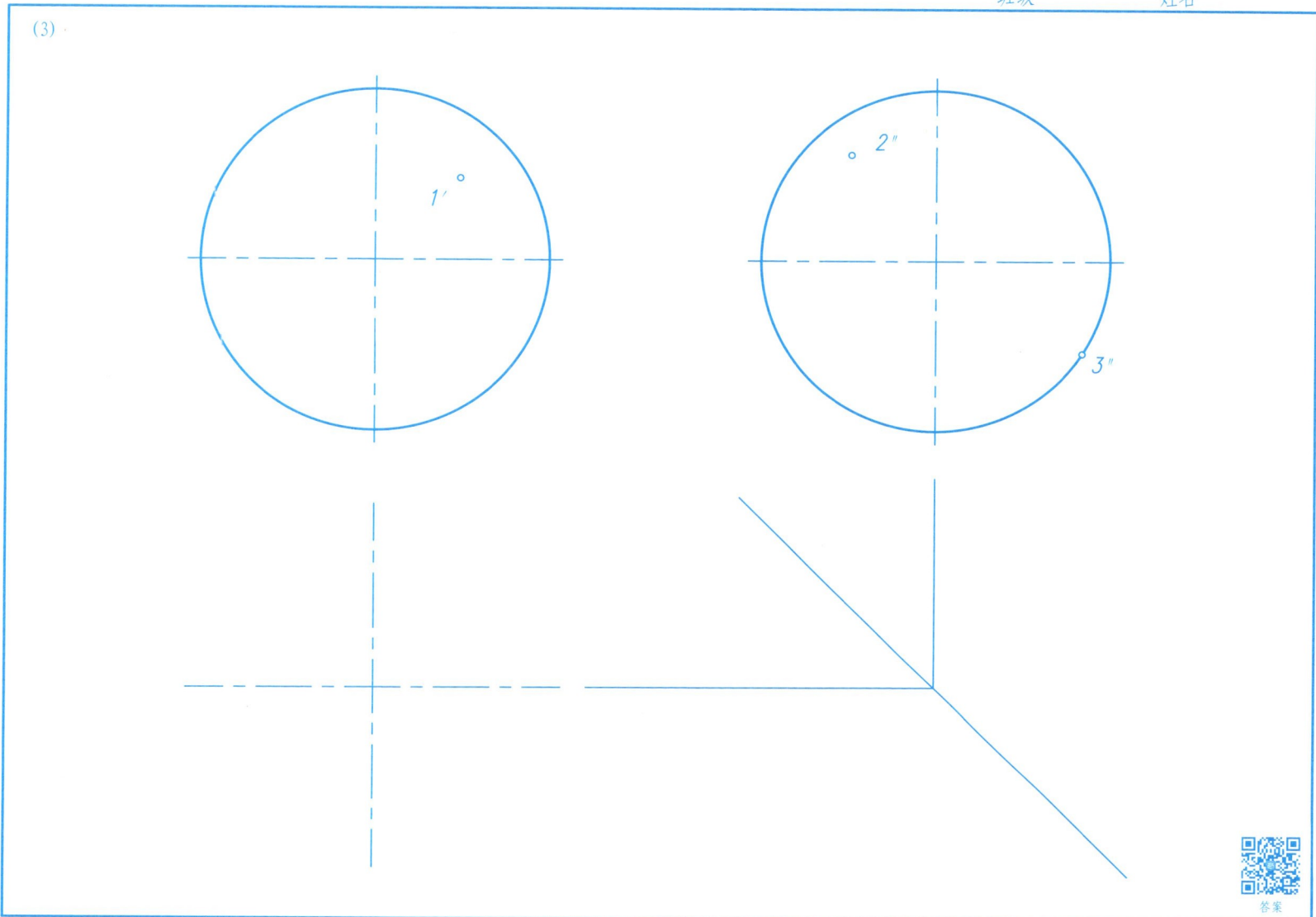

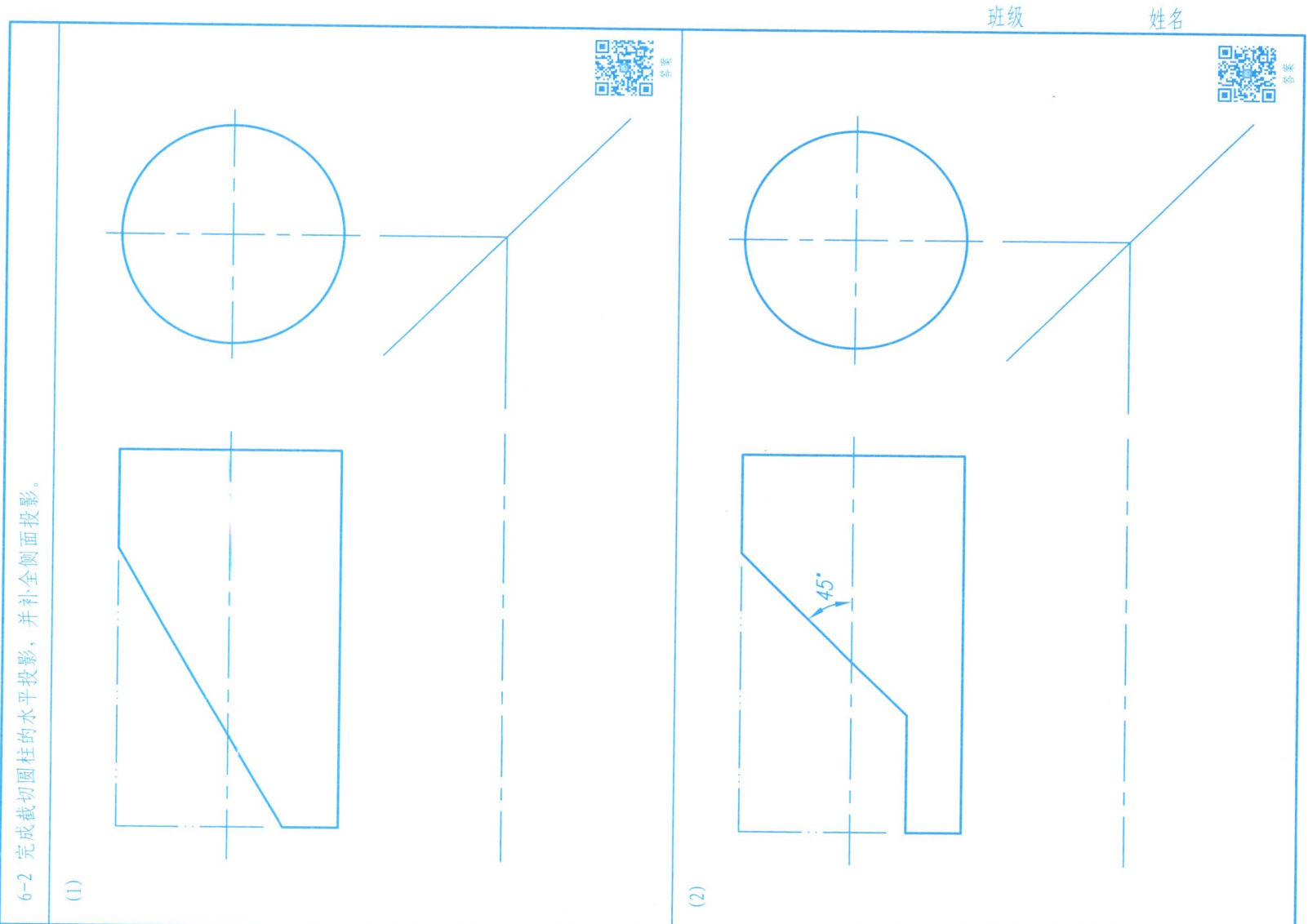

班级　　　　姓名

6-3 完成开槽圆柱的侧面投影，并补全水平投影。

(1)

(2)

53

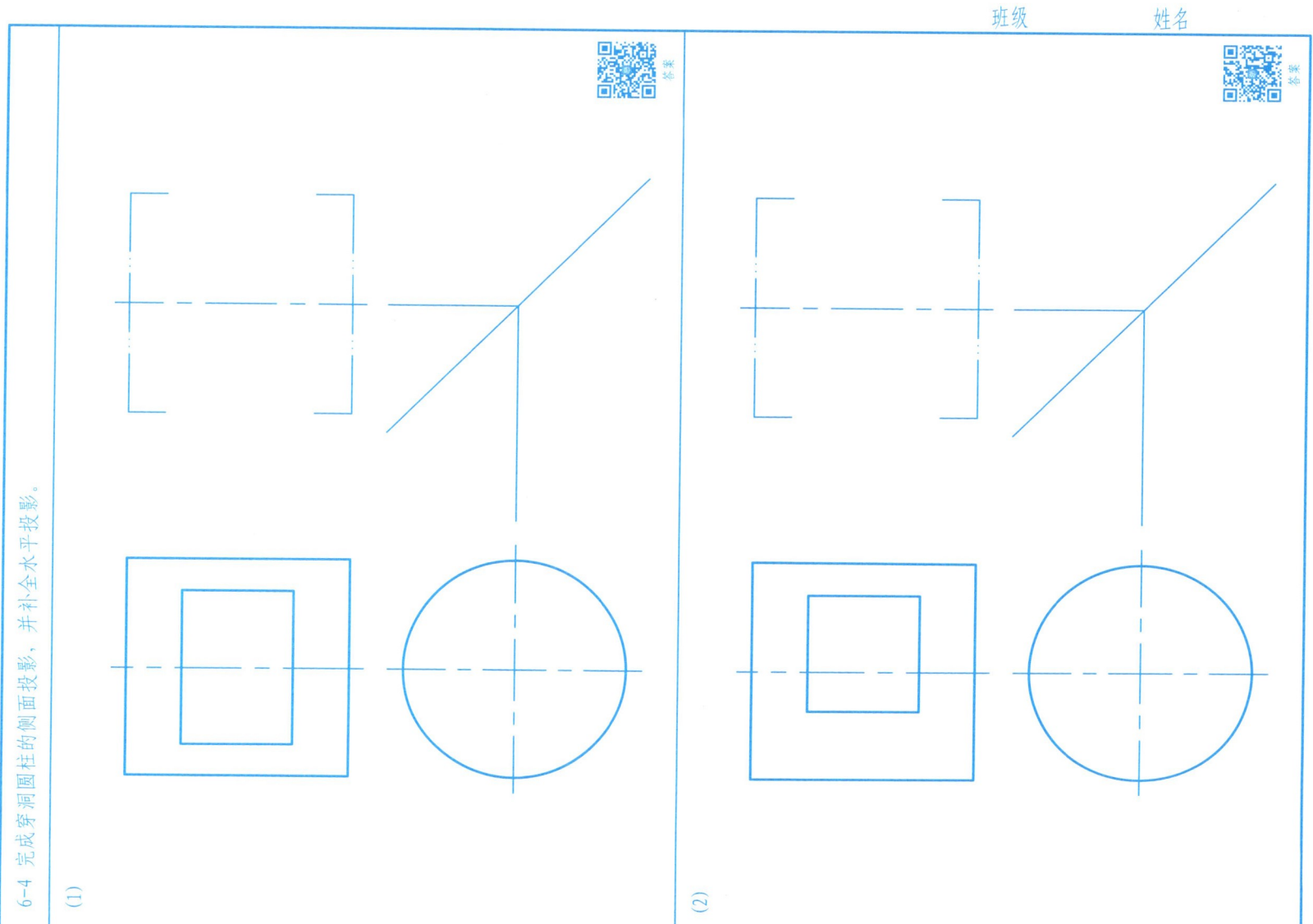

6-5 完成穿洞圆柱的水平投影，并补全侧面投影。

(1)

(2)

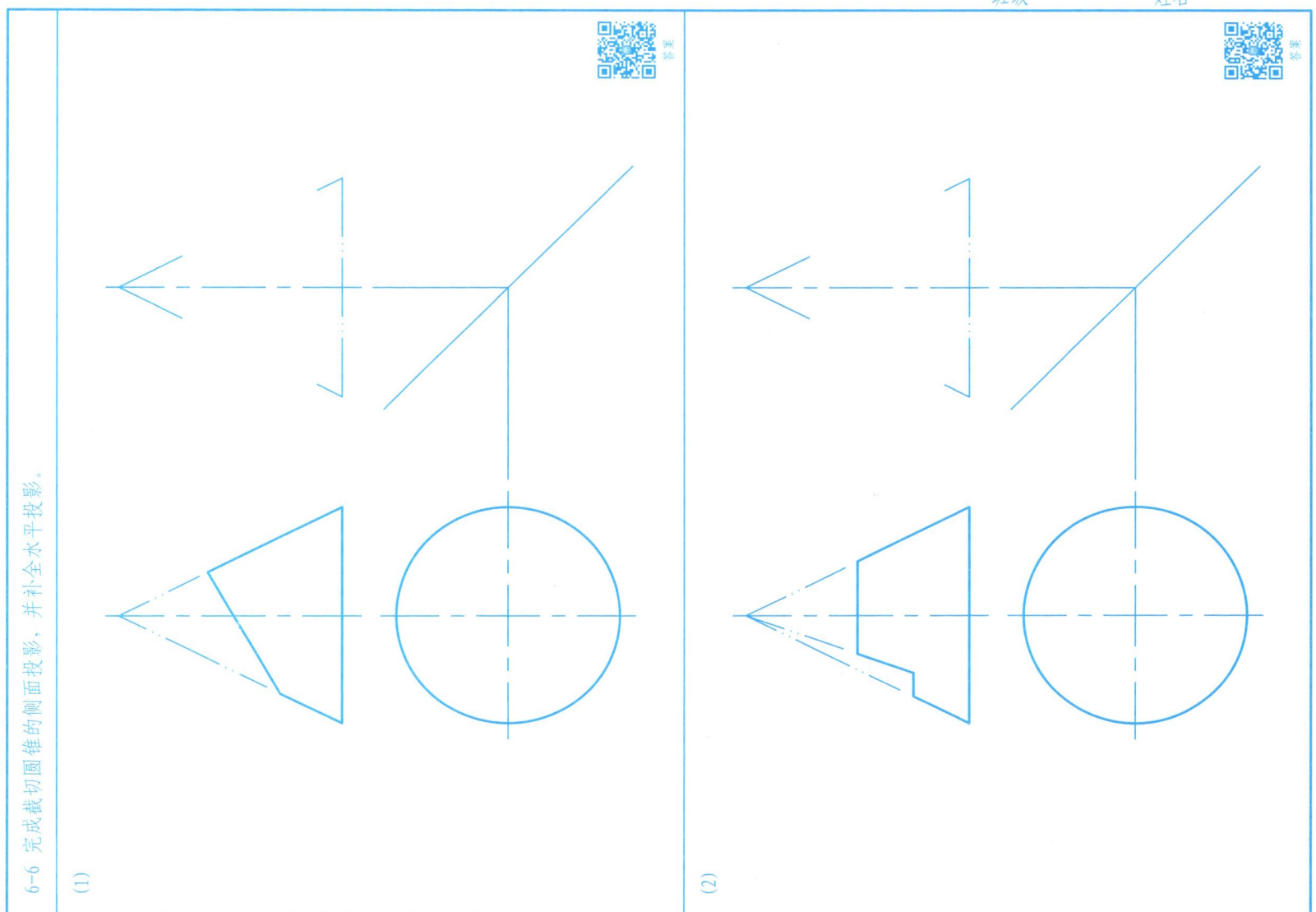

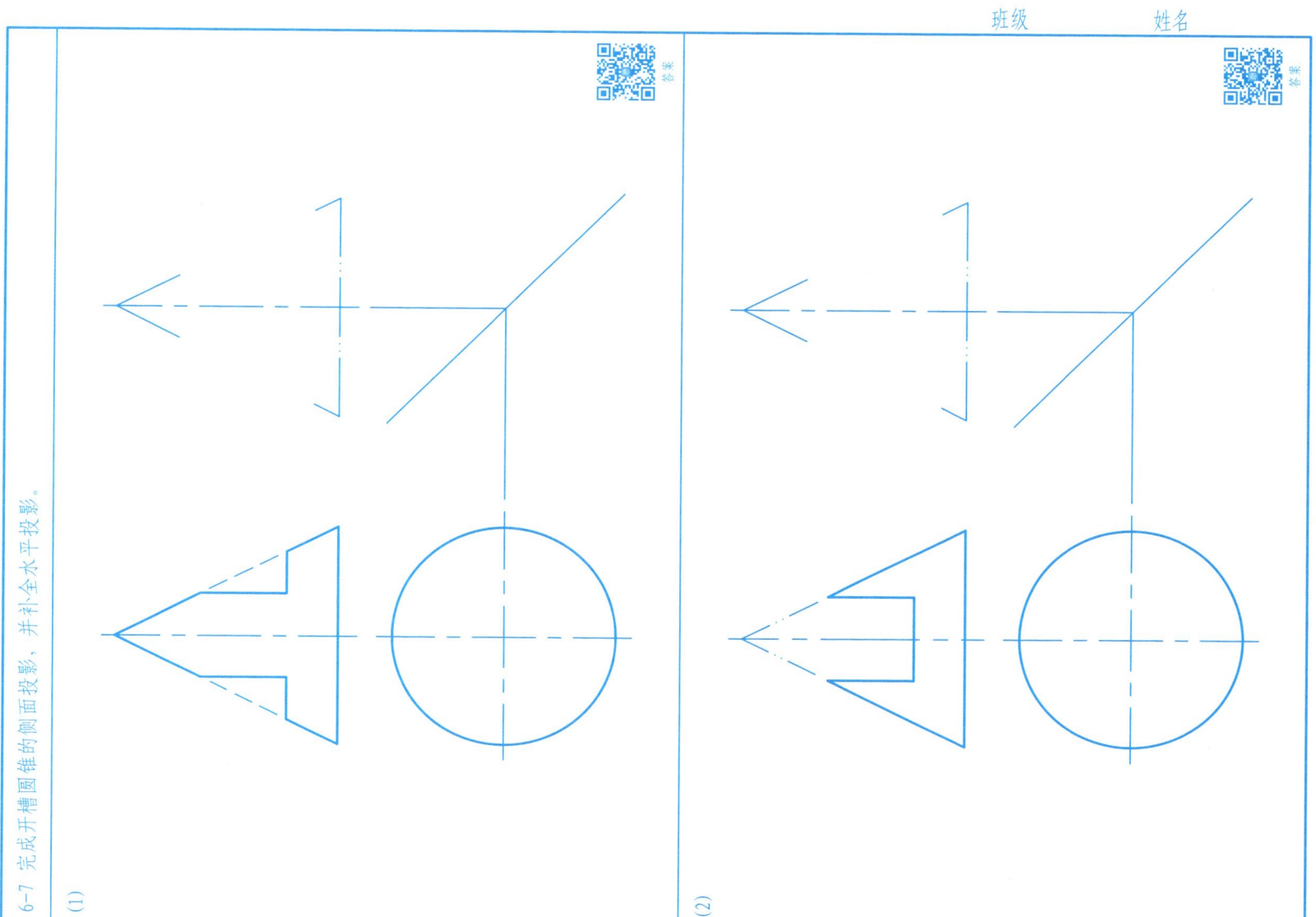

6-8 完成开槽半球的水平投影和侧面投影。

(1)

(2)

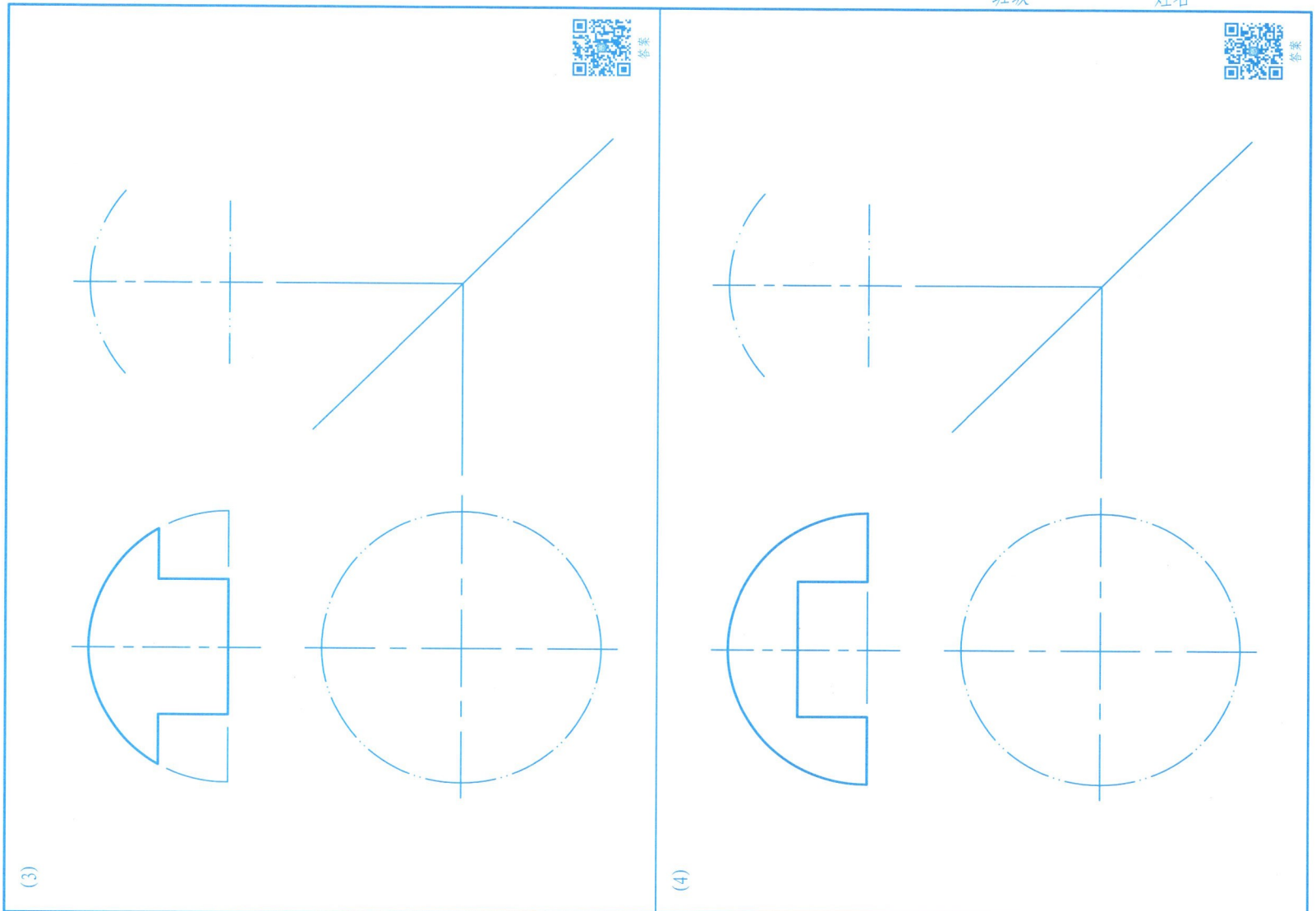

6-9 完成穿洞球体的水平投影和侧面投影。

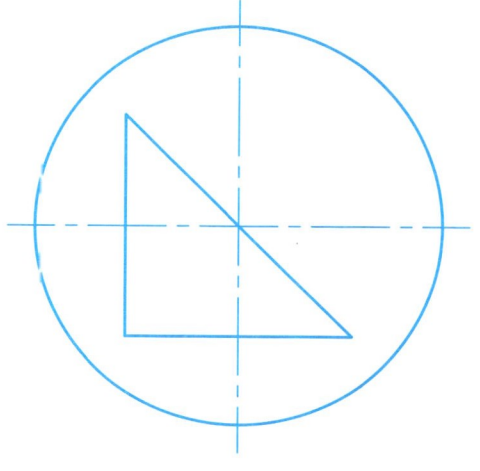
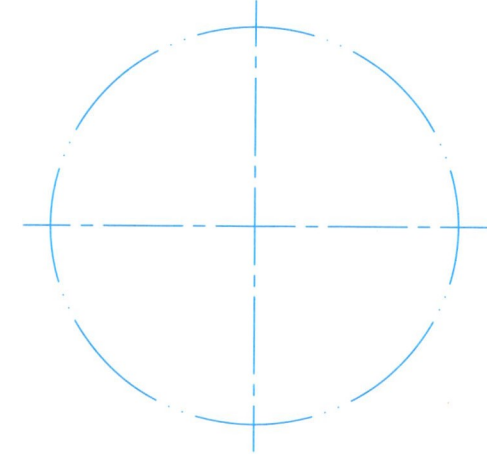
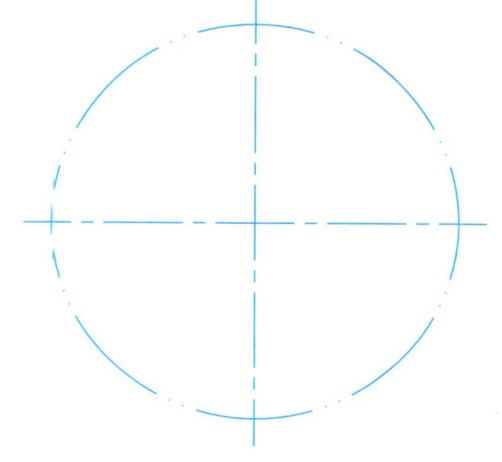

6-10 求作四棱柱与圆柱的相贯线。

(1)

(2)

6-11 求作圆锥与四棱柱的相贯线。

(1)

(2)

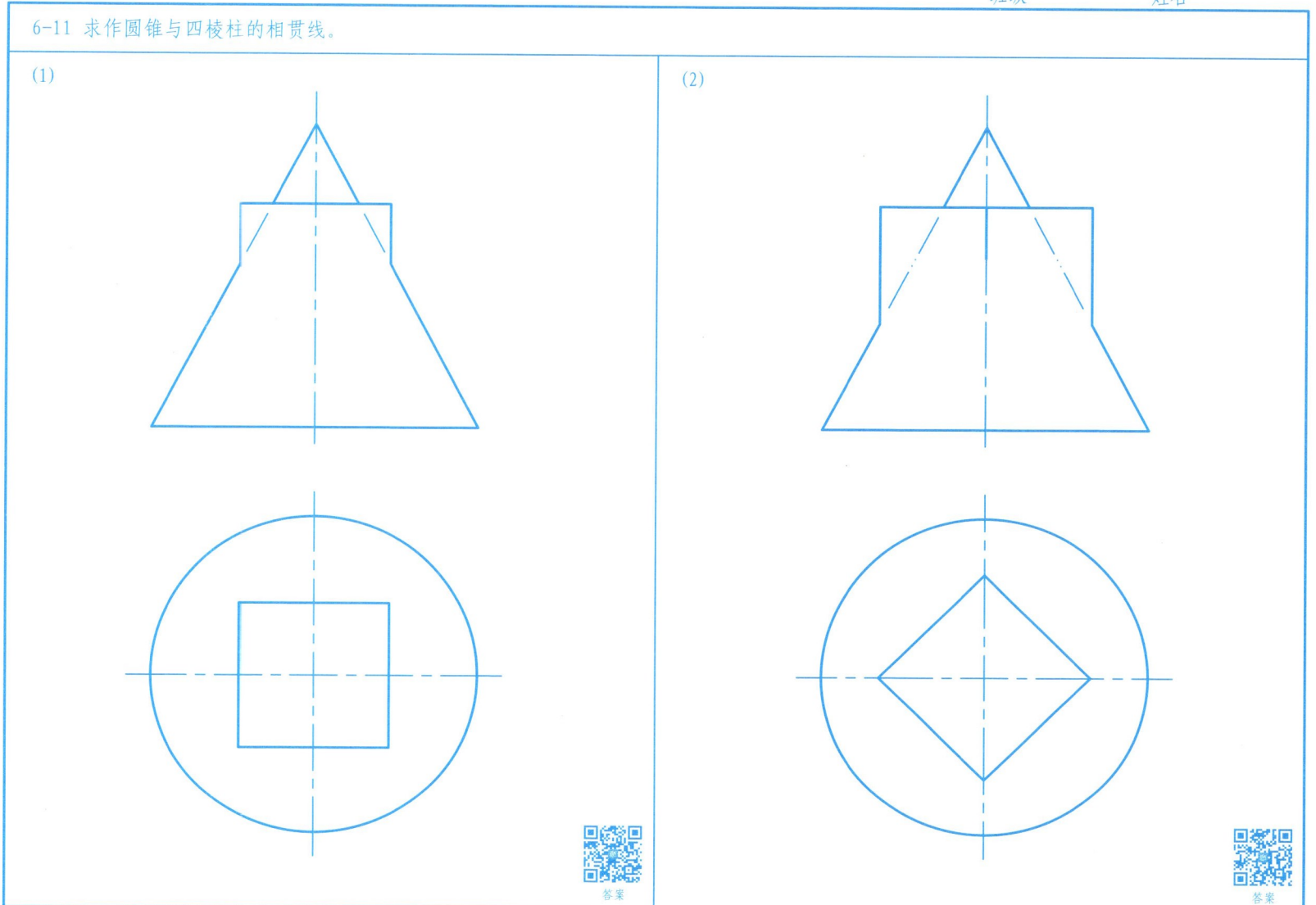

62

6-12 求作圆柱与四棱锥的相贯线。

(1)

(2)

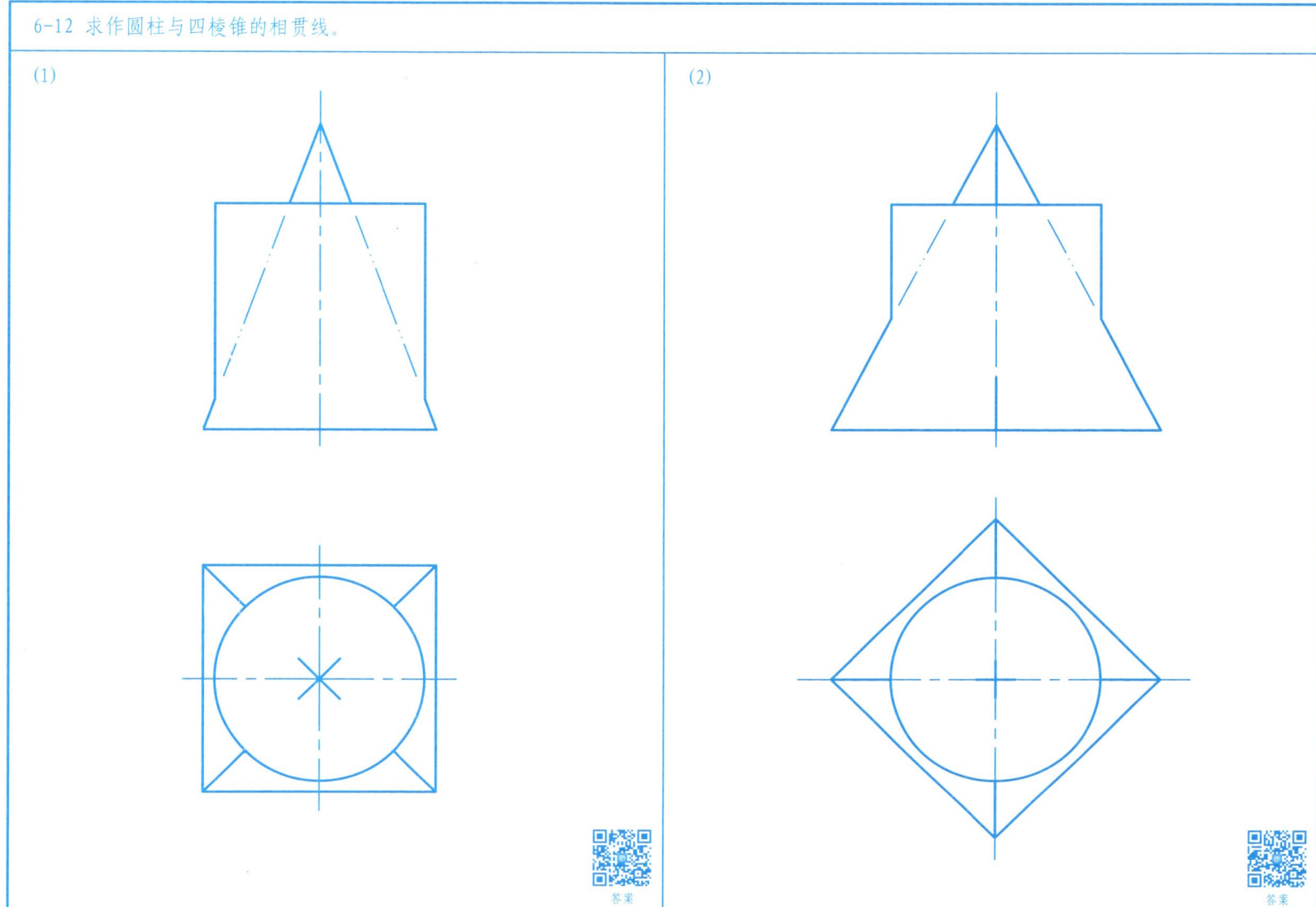

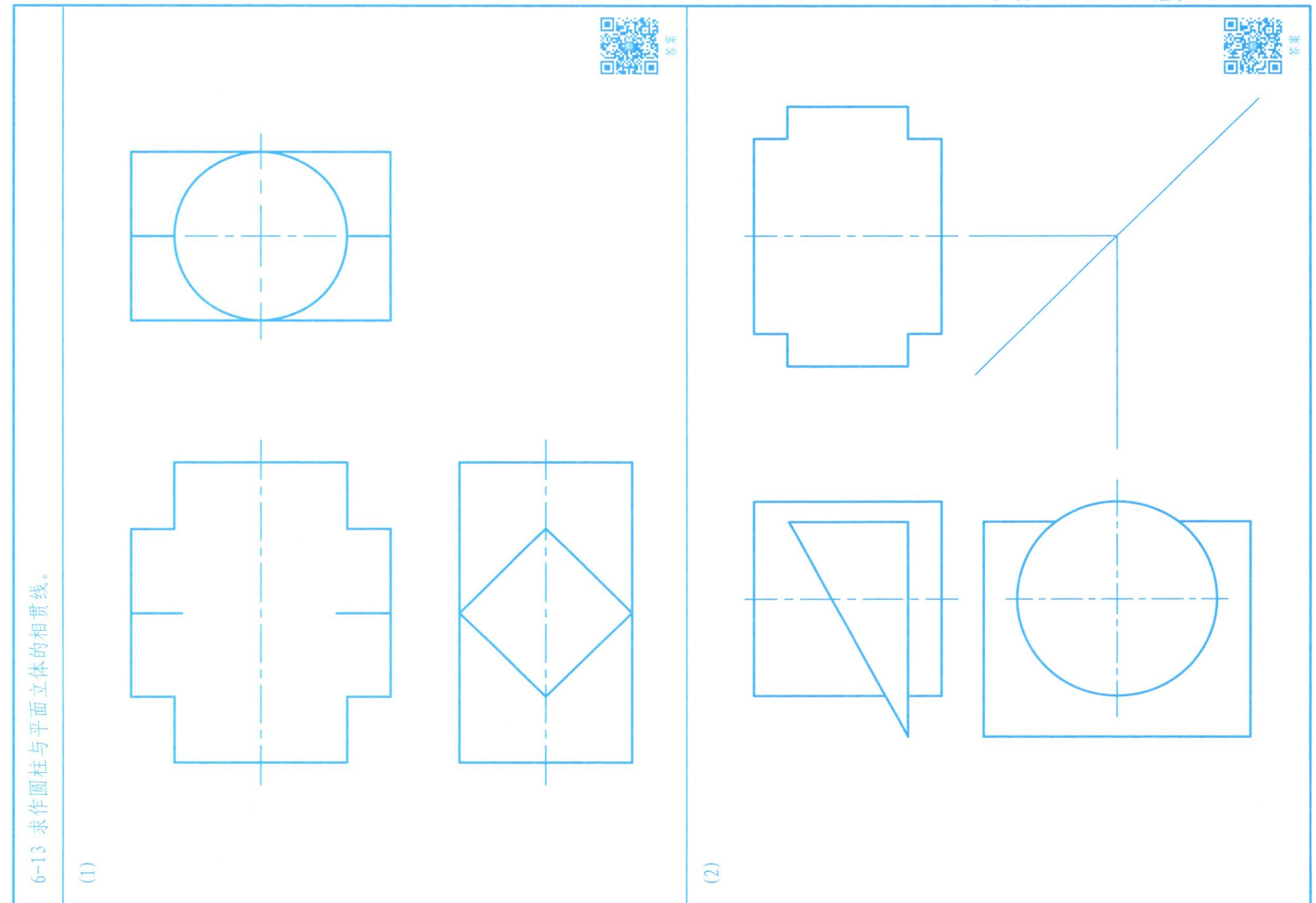

6-13 求作圆柱与平面立体的相贯线。

(1)　(2)

6-14 求作三棱柱与半球的相贯线。

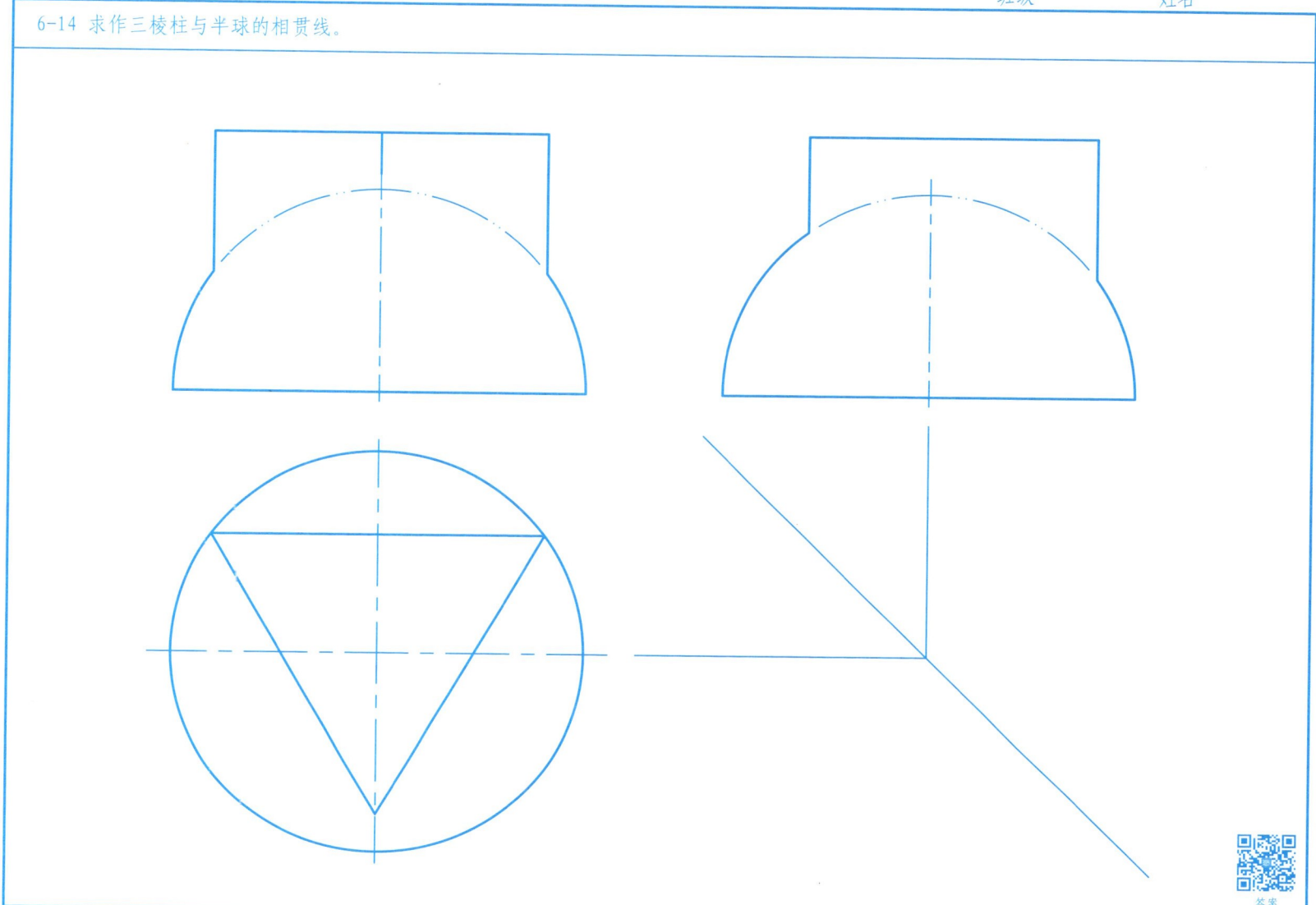

6-15 求作三棱柱与圆锥的相贯线。

(1)

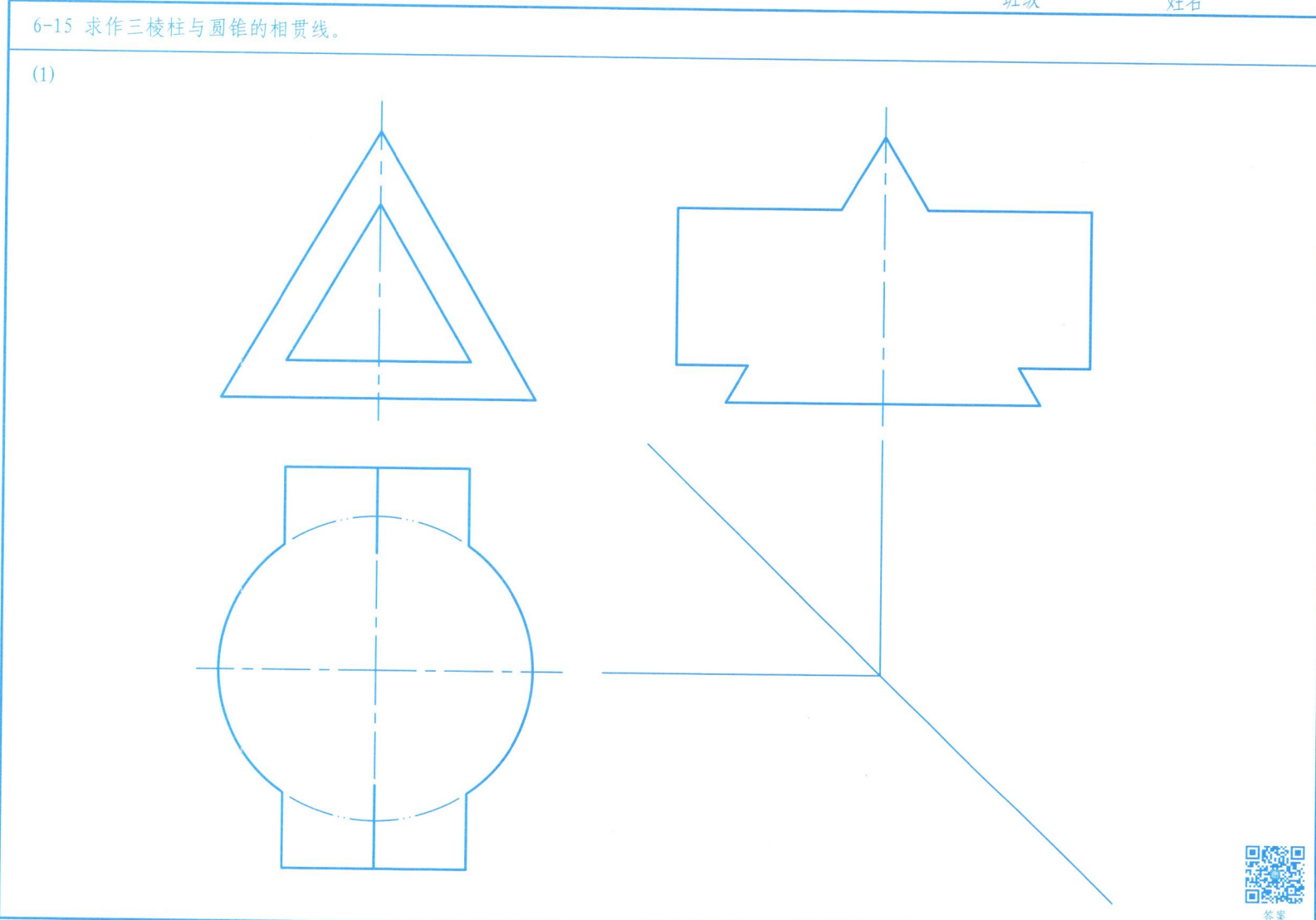

(2)

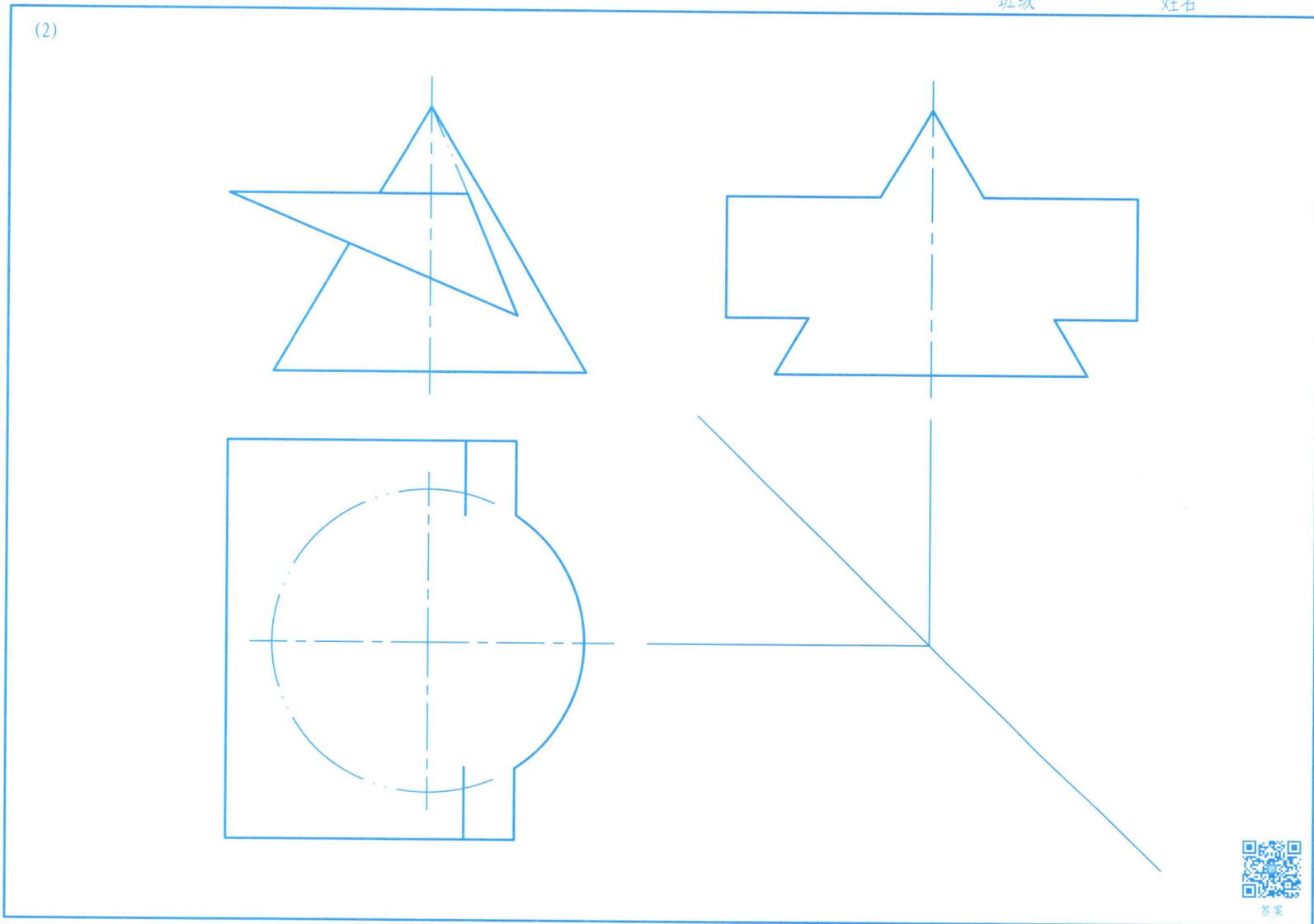

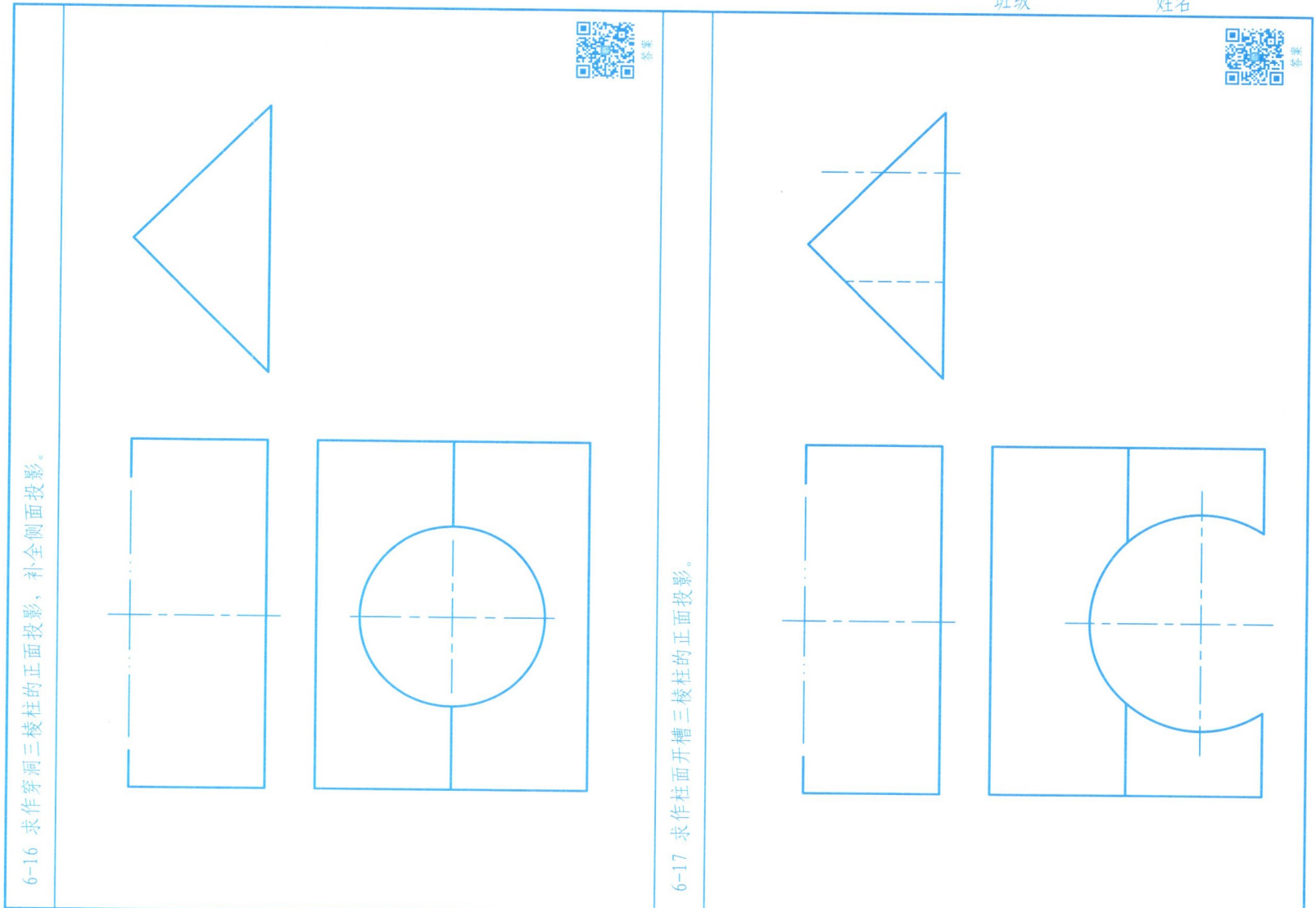

6-18 求作穿洞三棱锥的正面投影和侧面投影。

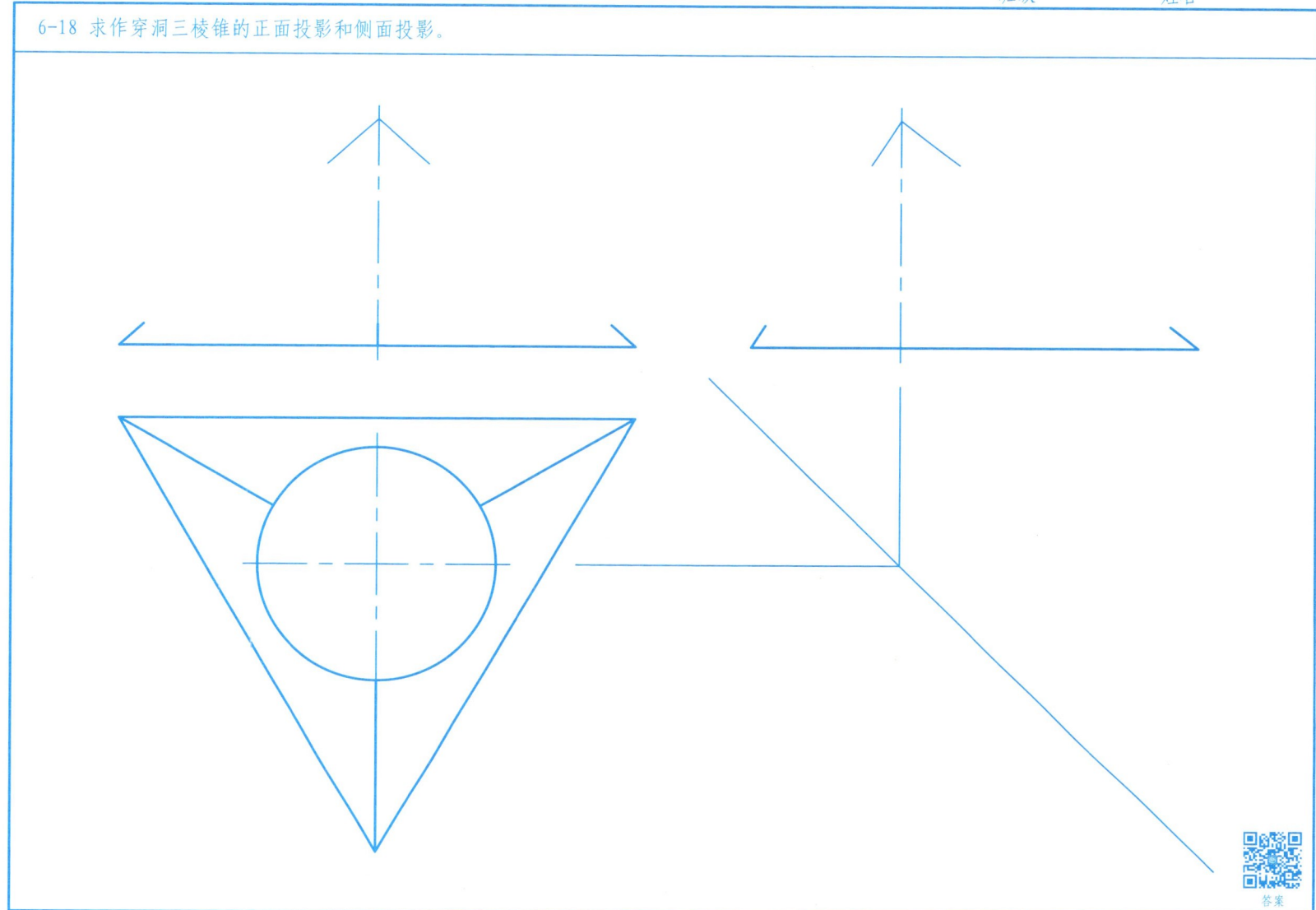

6-19 补全相贯圆柱的正面投影和侧面投影。

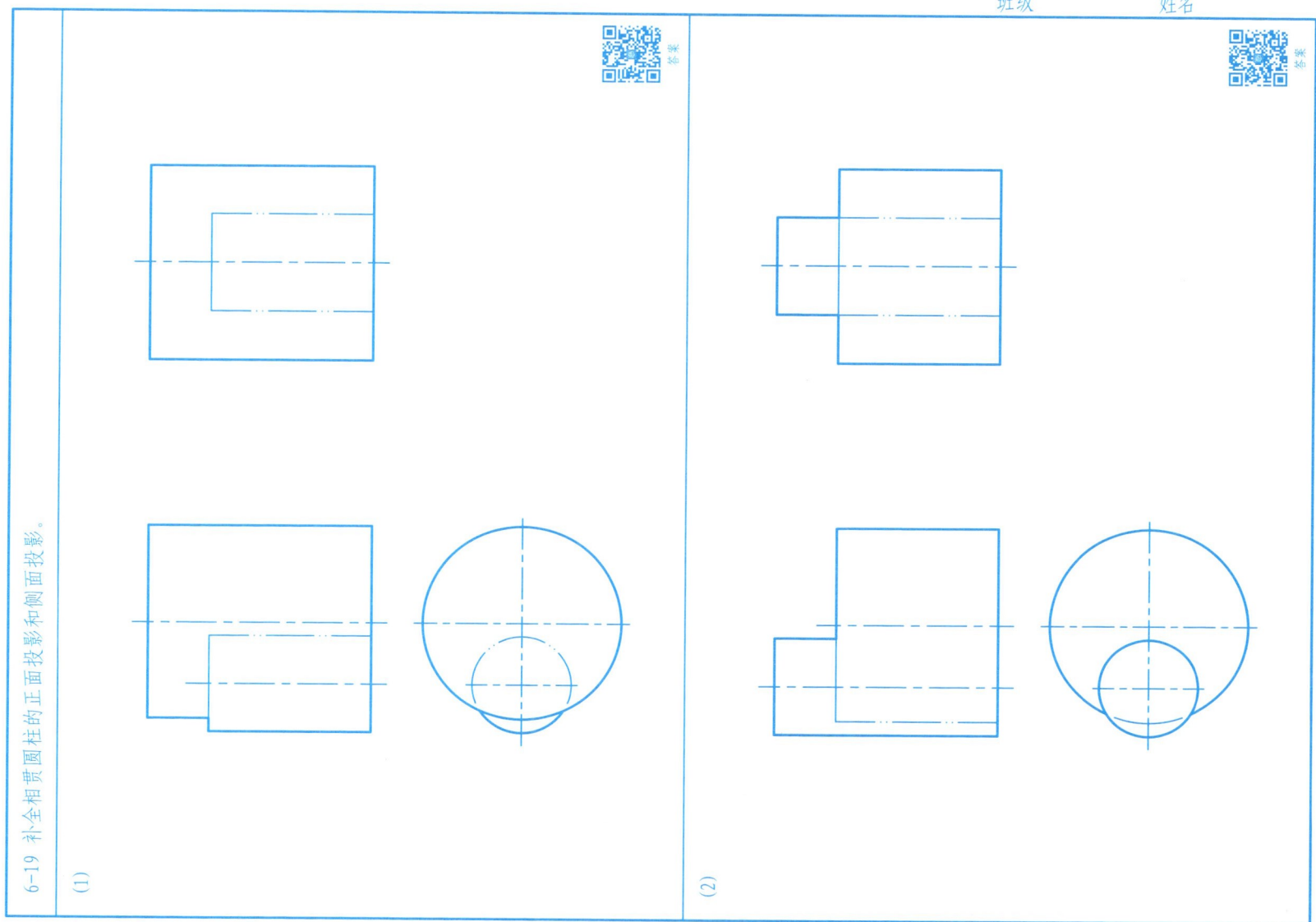

(1)　　　　　　　　　　(2)

班级　　　姓名

6-20 补全穿洞半圆管的侧面投影。

6-21 补全相贯圆柱的正面投影。

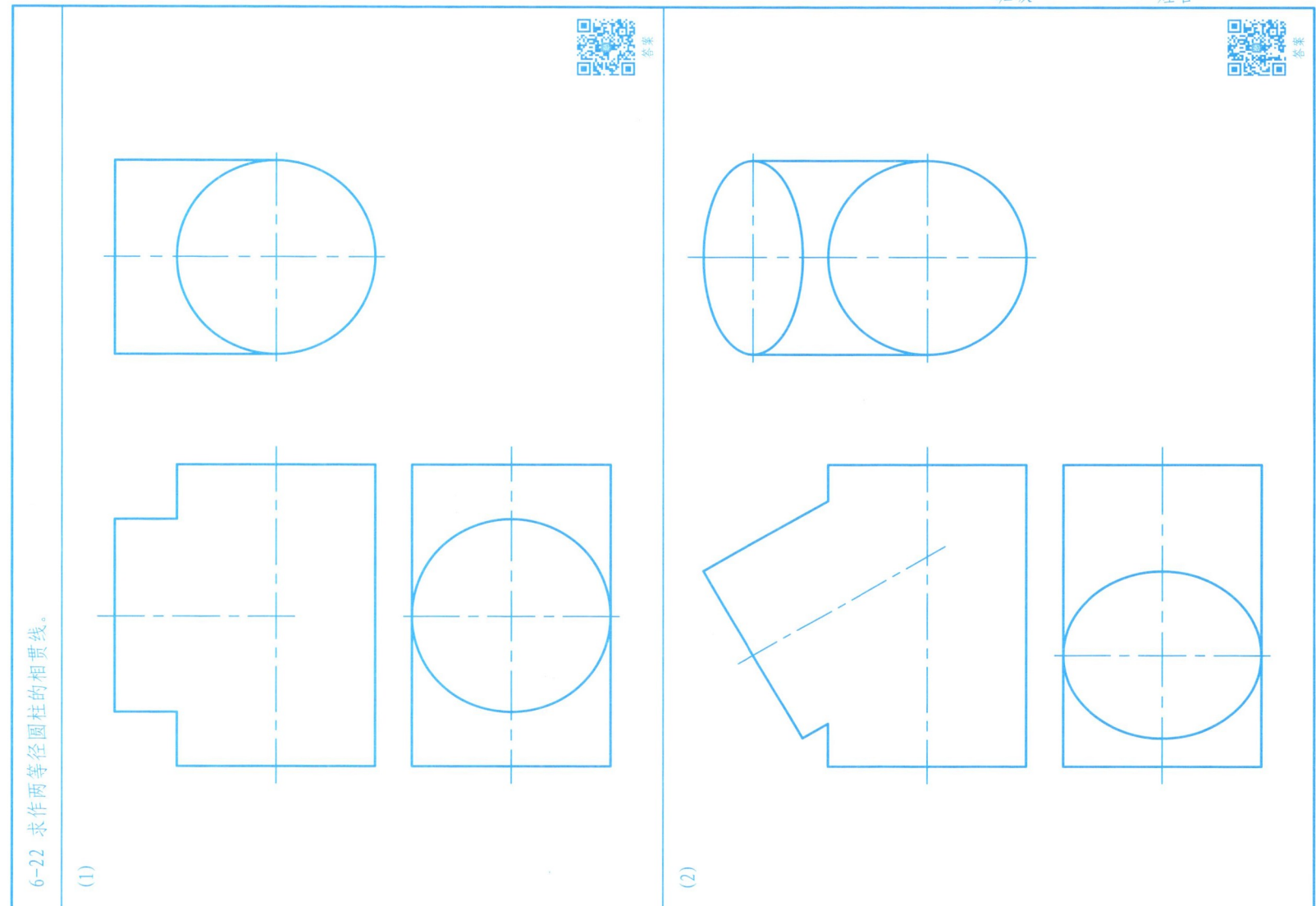

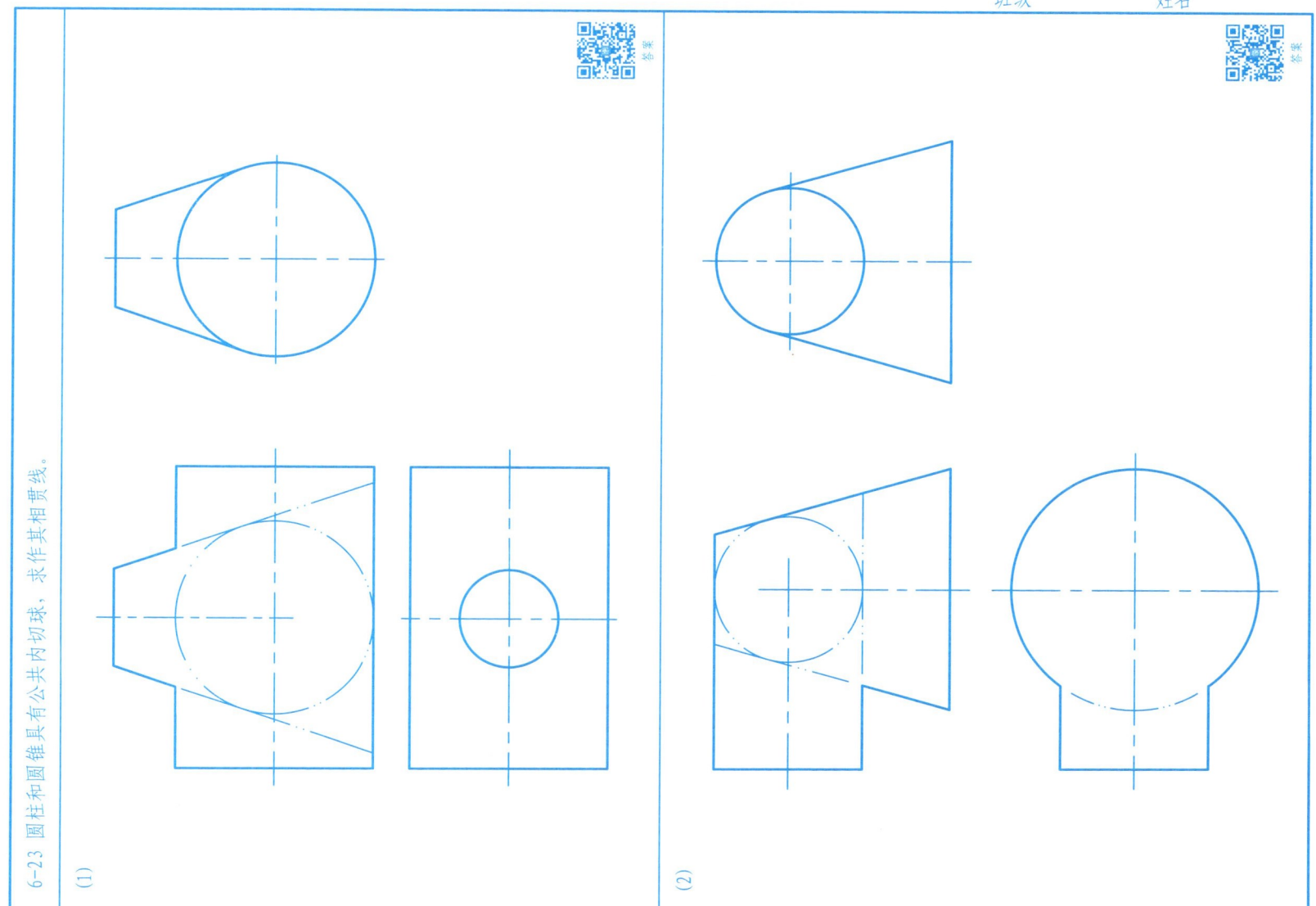

6-24 求作圆柱与圆锥的相贯线。

6-25 求作柱面开槽半圆柱的正面投影。

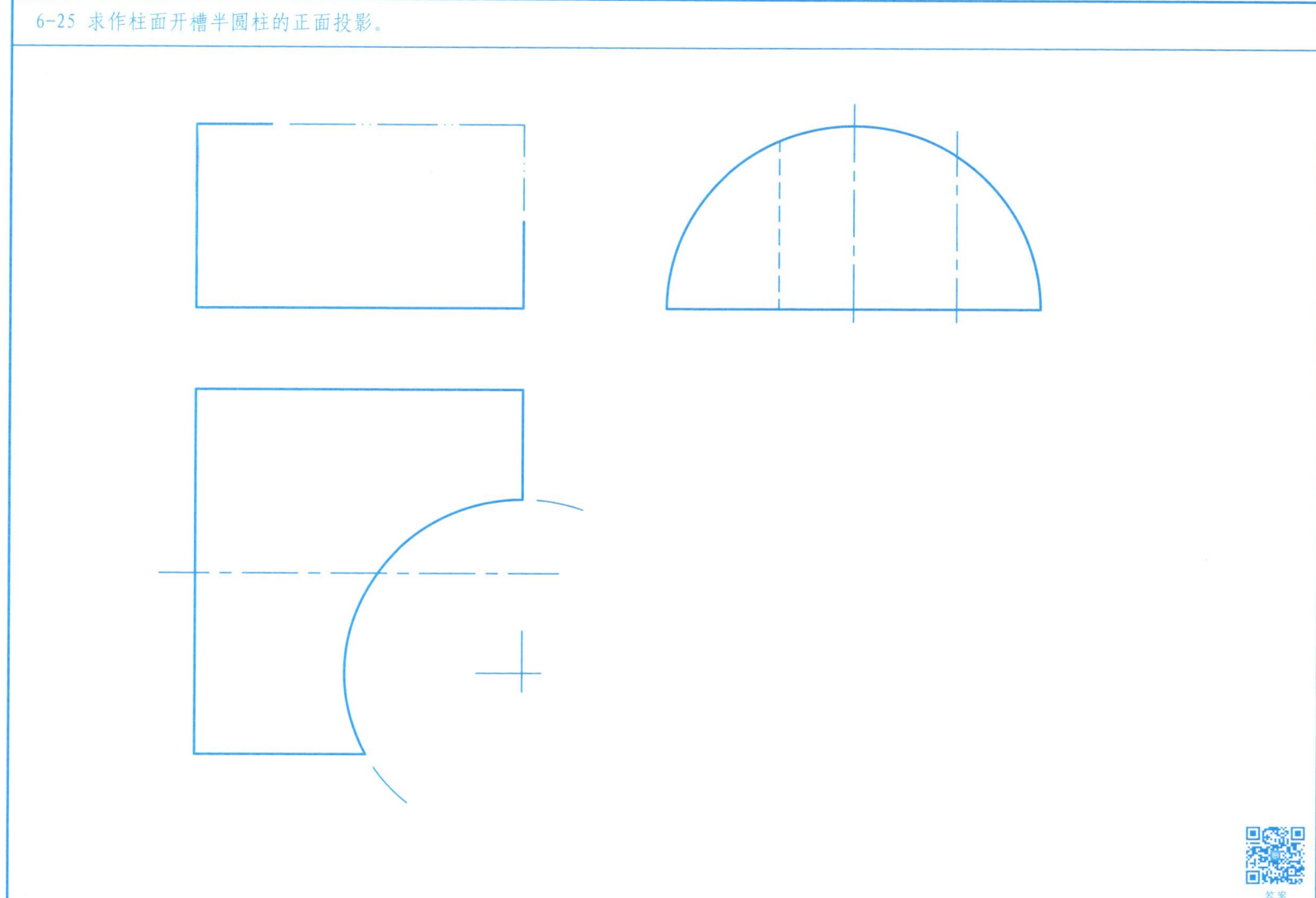

6-26 求作半球与圆柱的相贯线。

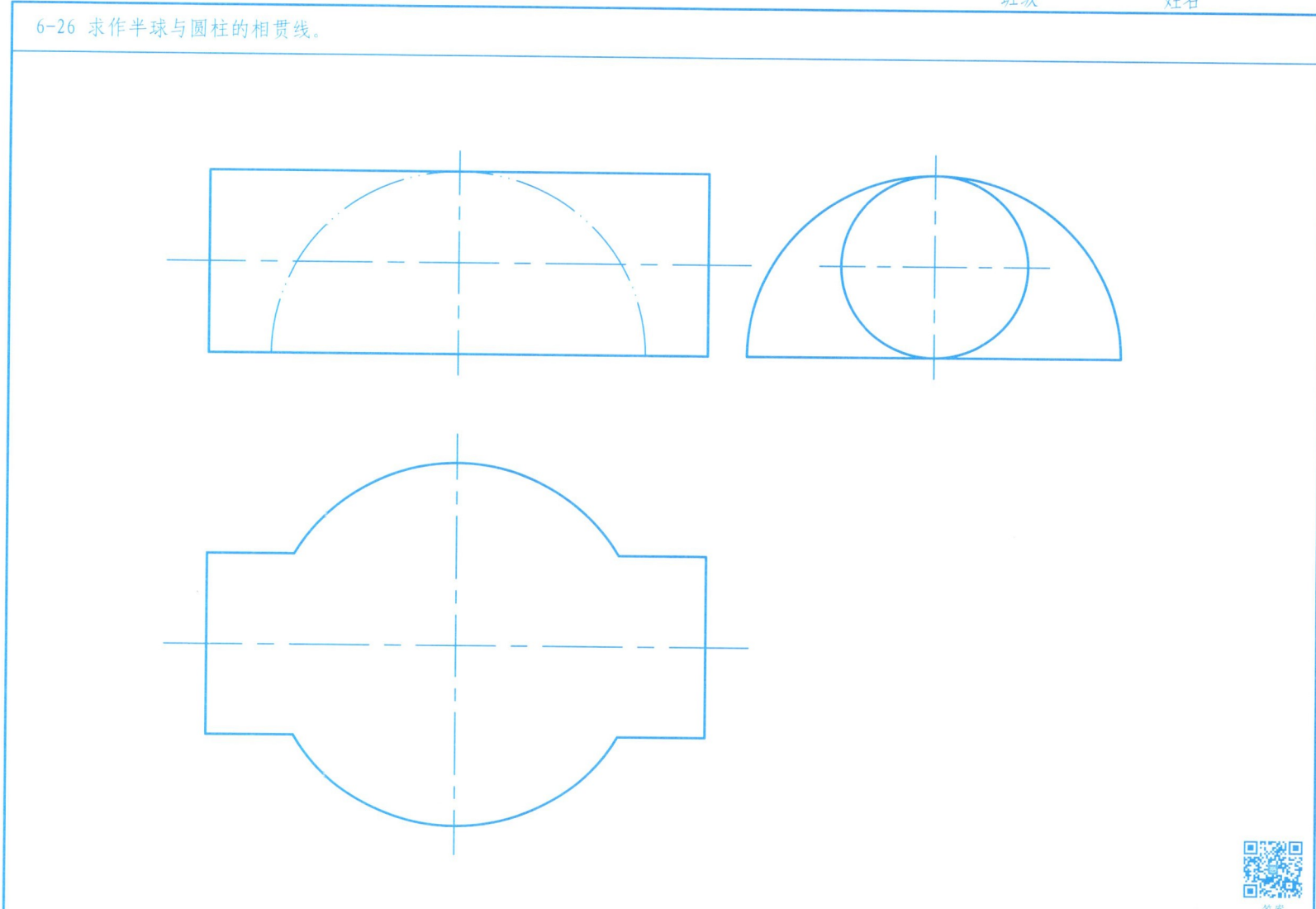

6-27 补全形体的三面投影。

第7章 组合体视图

班级　　　　姓名

7-1 根据形体的立体图，画出其三视图（尺寸从立体图中量取）。

(1)

(2)

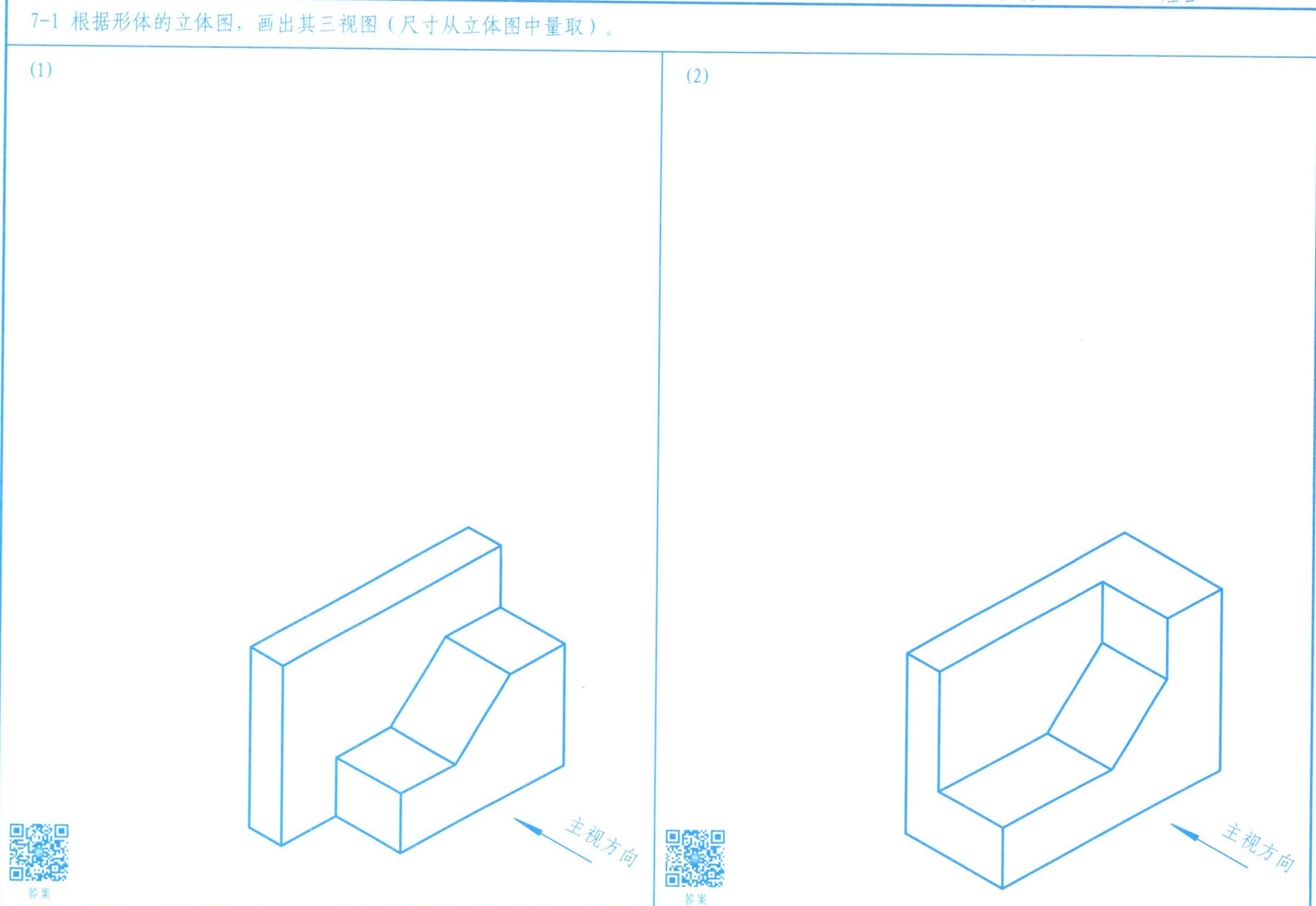

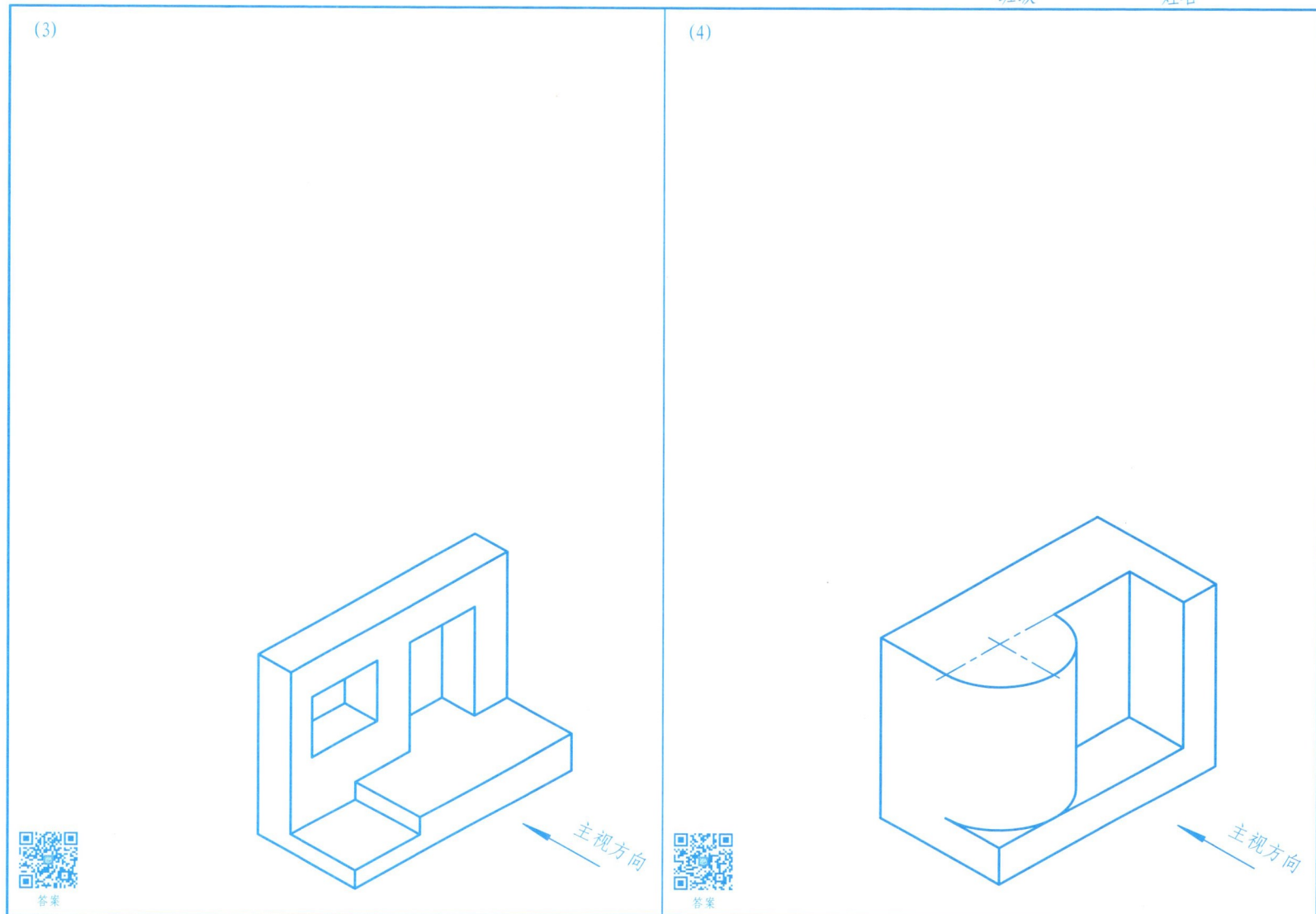

7-2 补绘三视图中缺漏的图线。

(1)

(2)

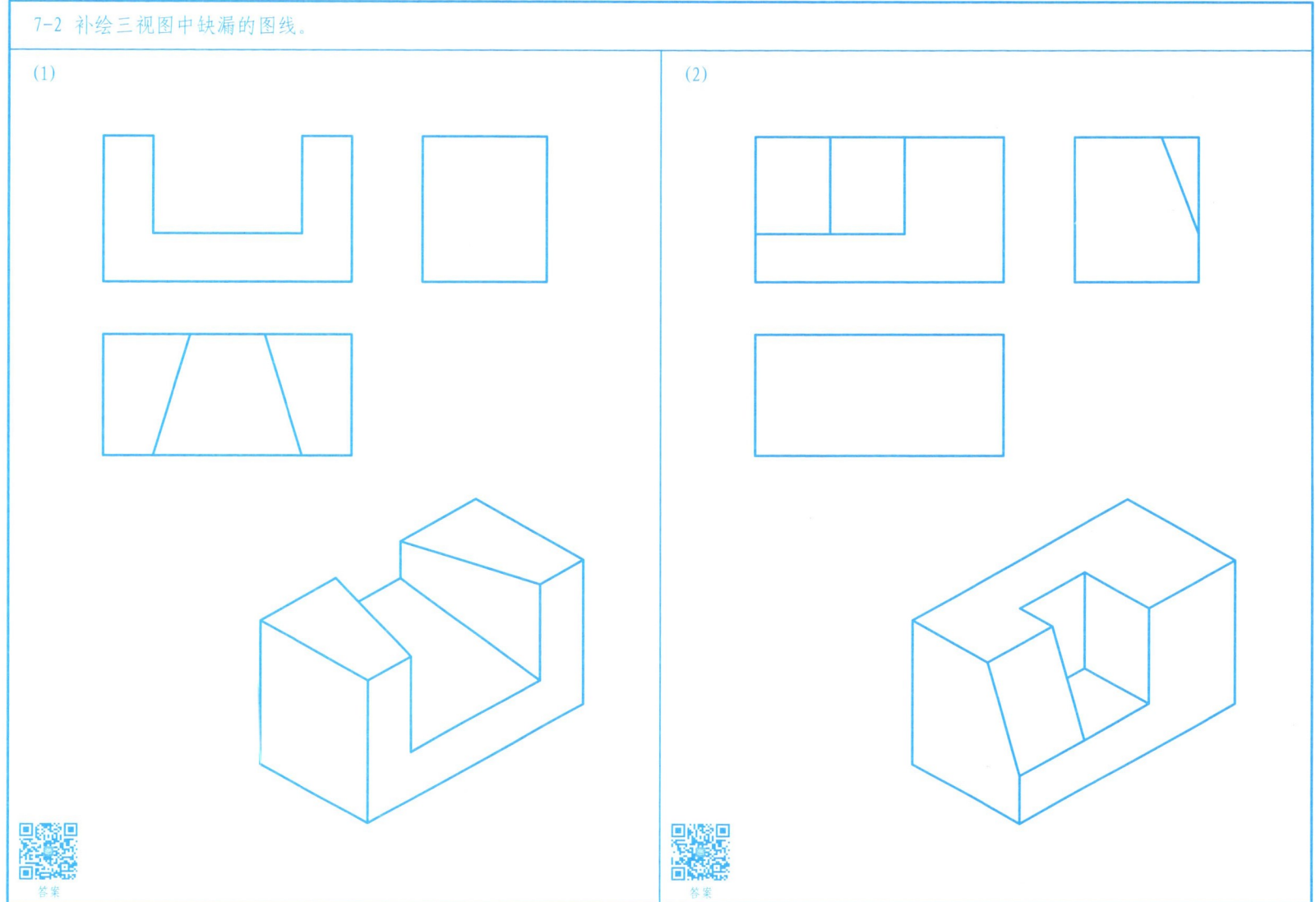

80

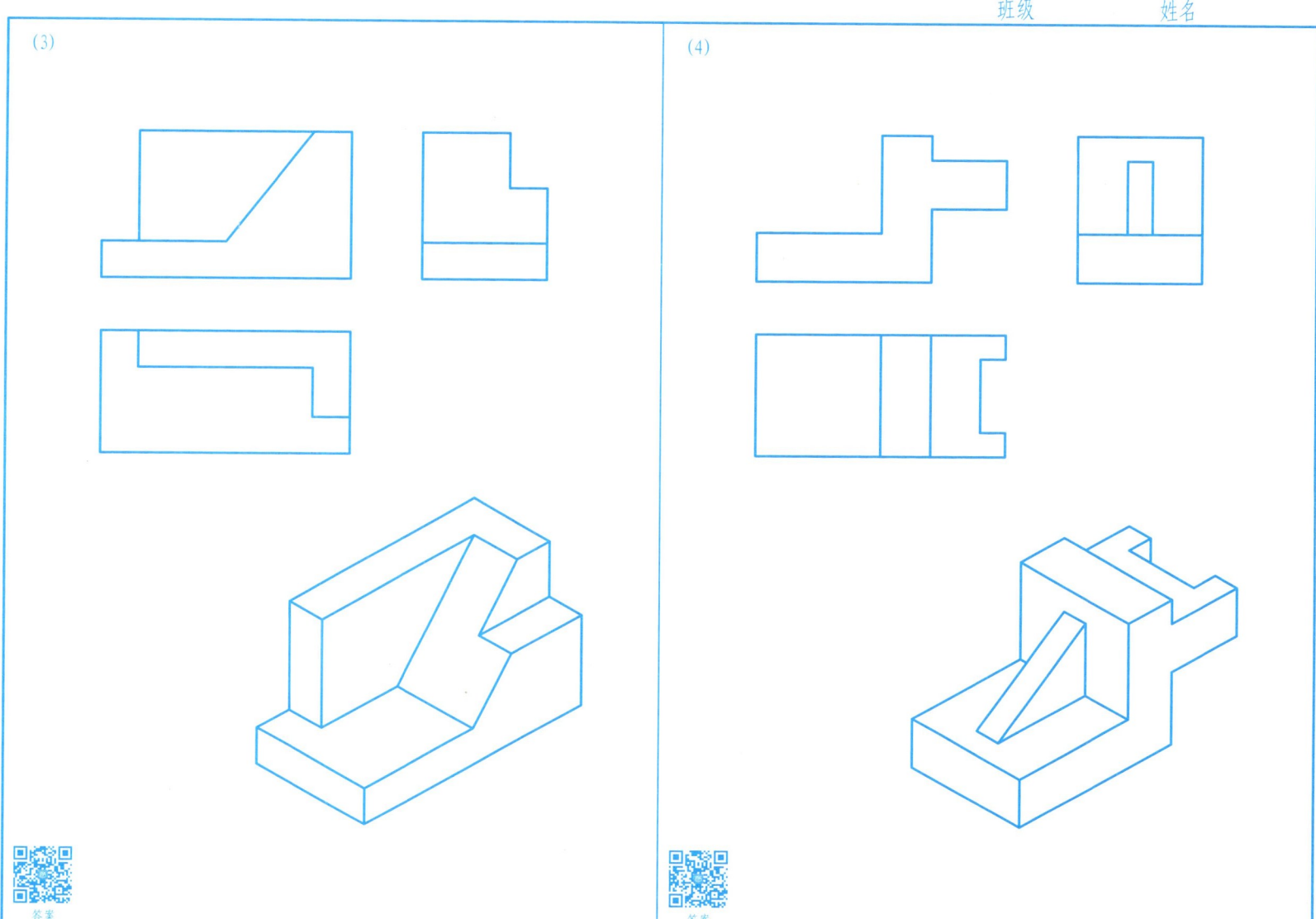

7-3 已知形体的两视图，求第三视图（所有形体均为平面立体）。

(1)

(2)

(3)

(4)

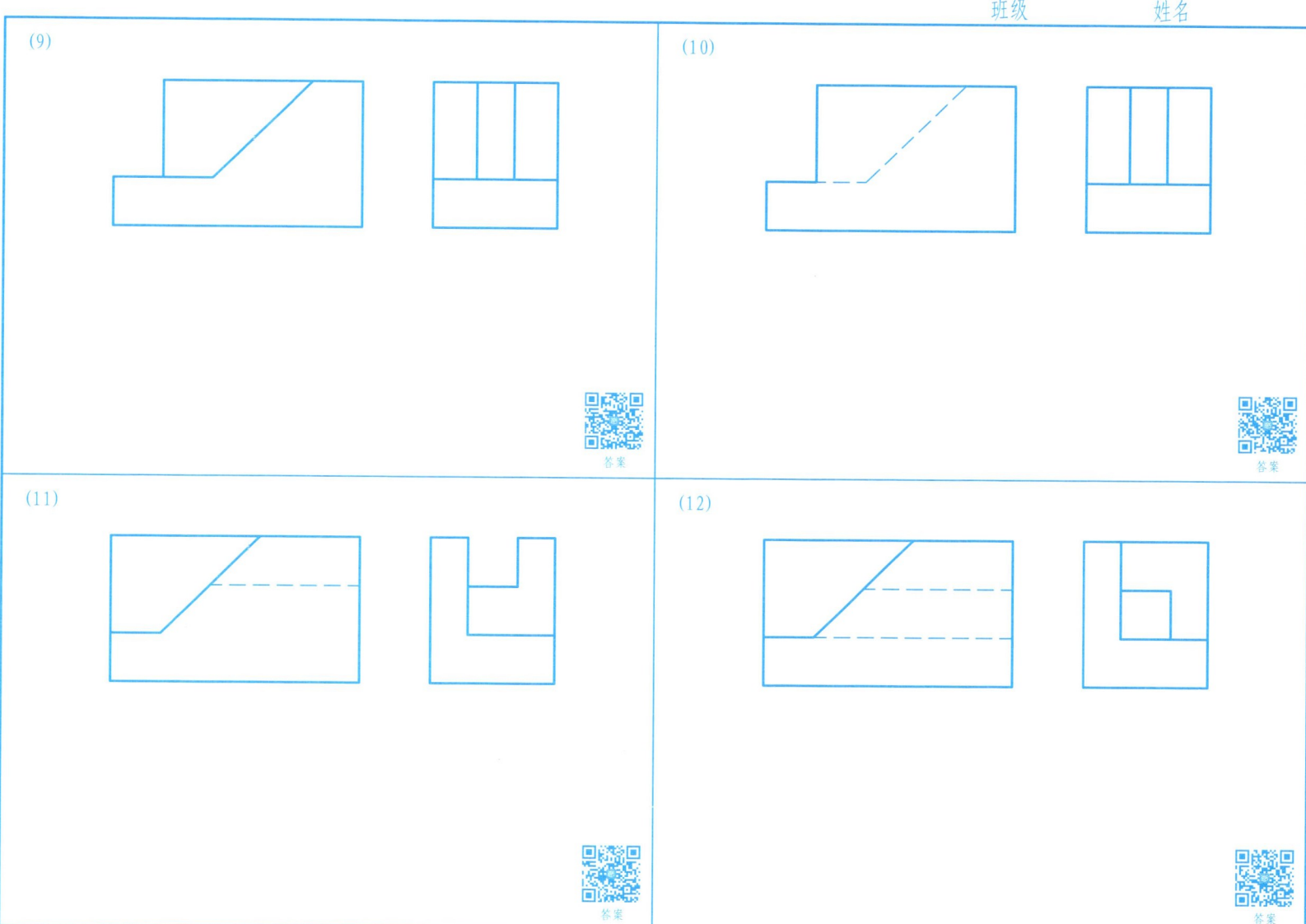

7-4 已知形体的两视图，求第三视图（所有形体均为平面立体）。

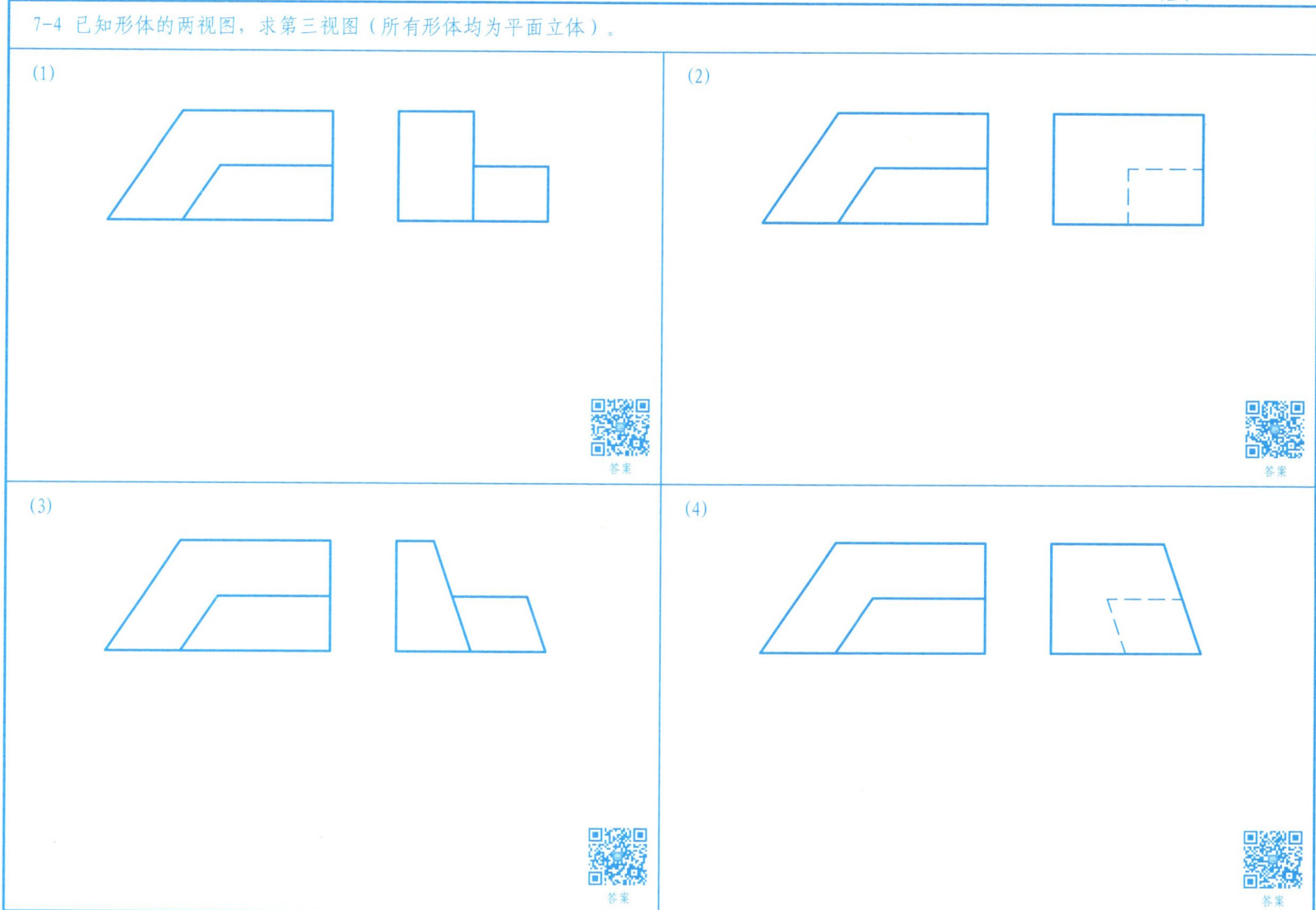

7-5 已知形体的两视图，求第三视图（所有形体均为平面立体）。

(1)

(2)

(3)

(4)

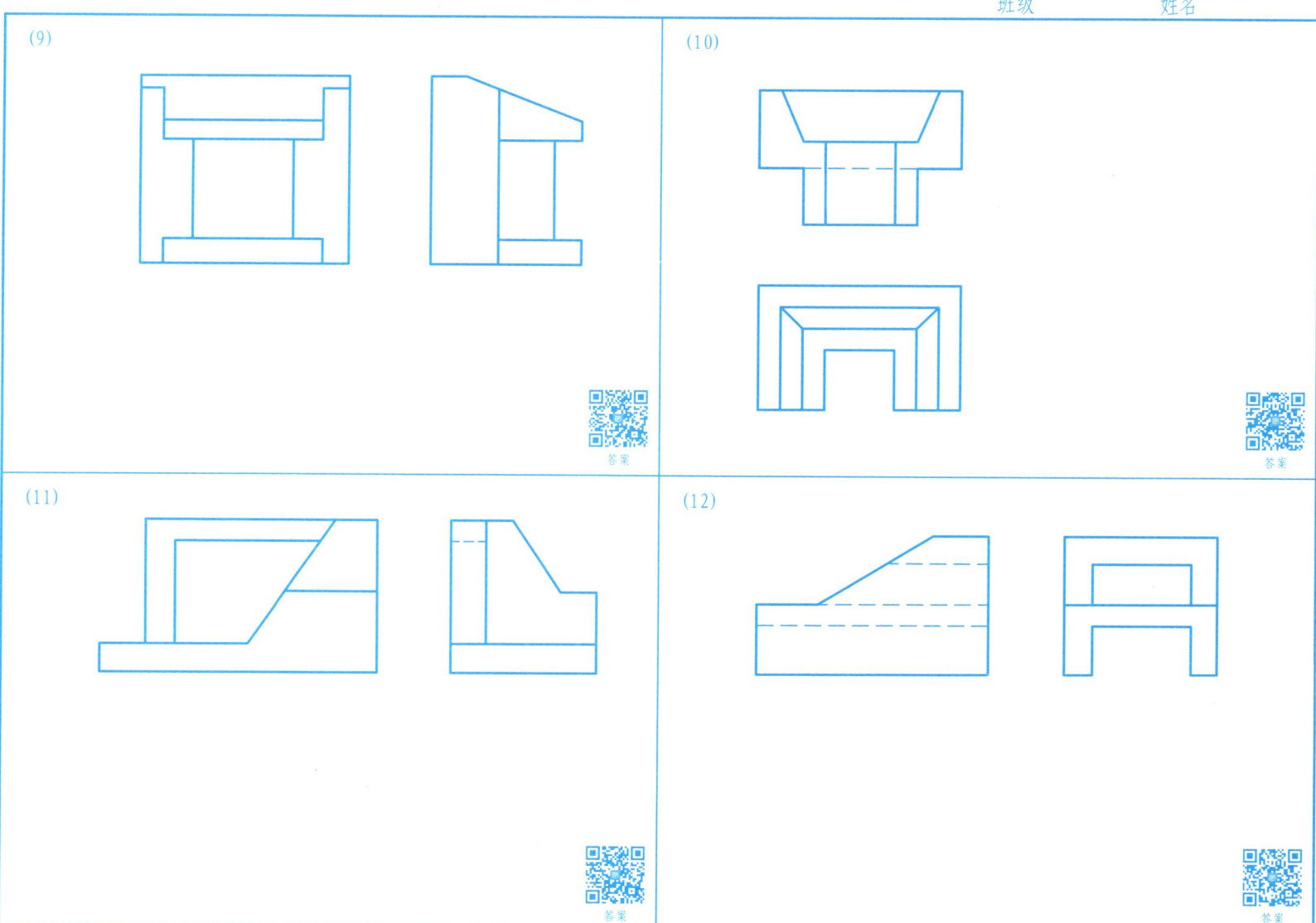

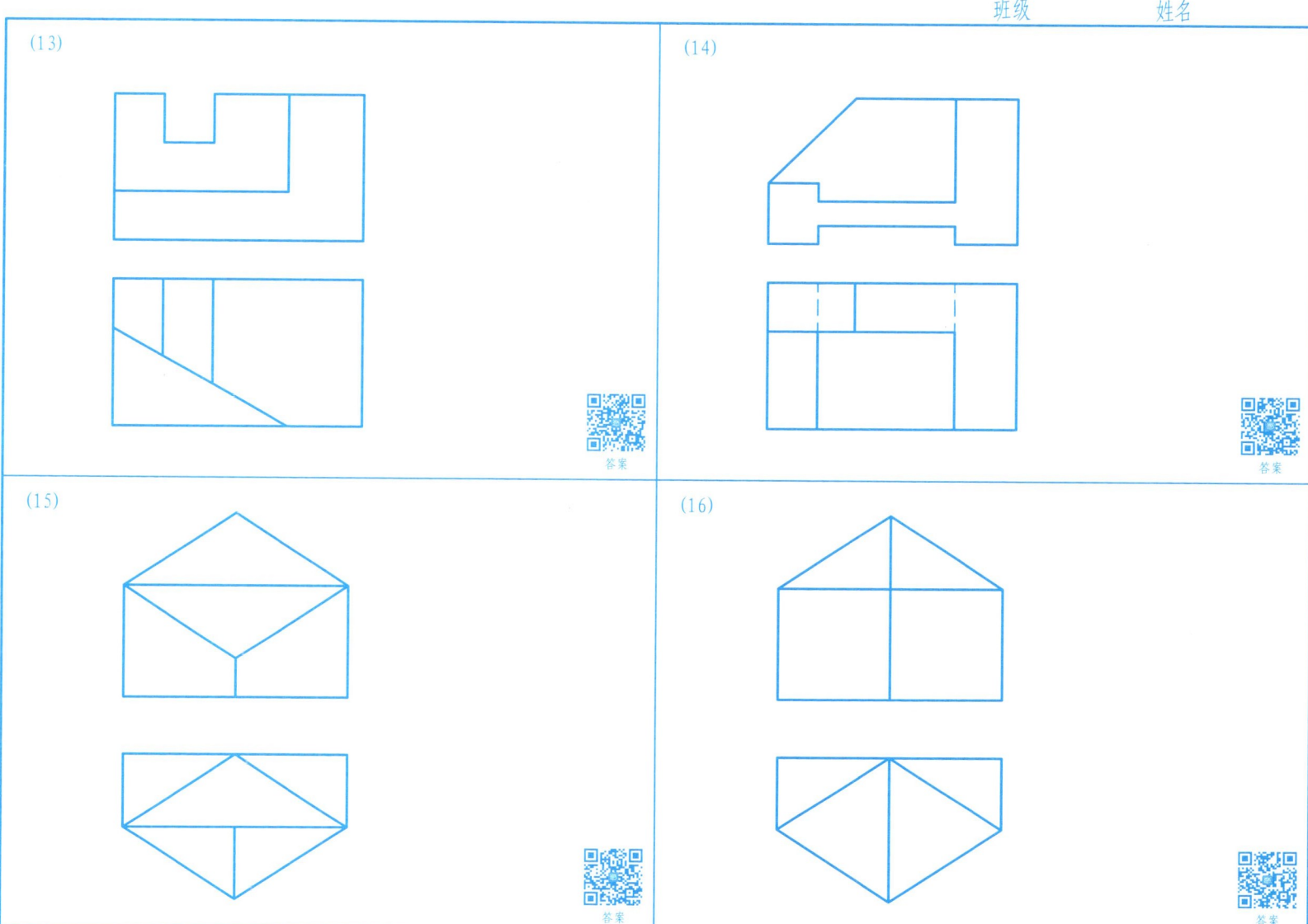

7-6 已知形体的两视图，求第三视图。

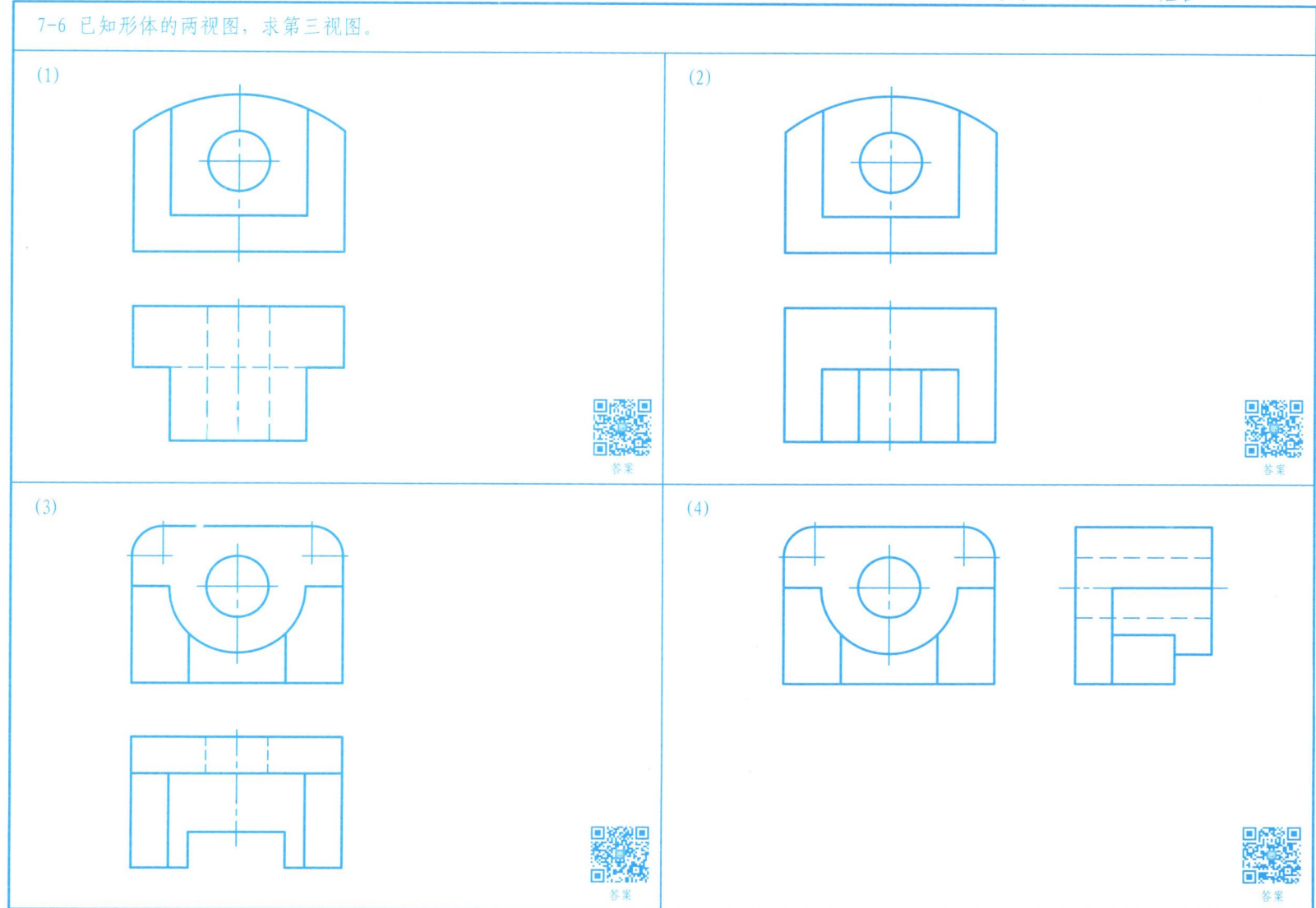

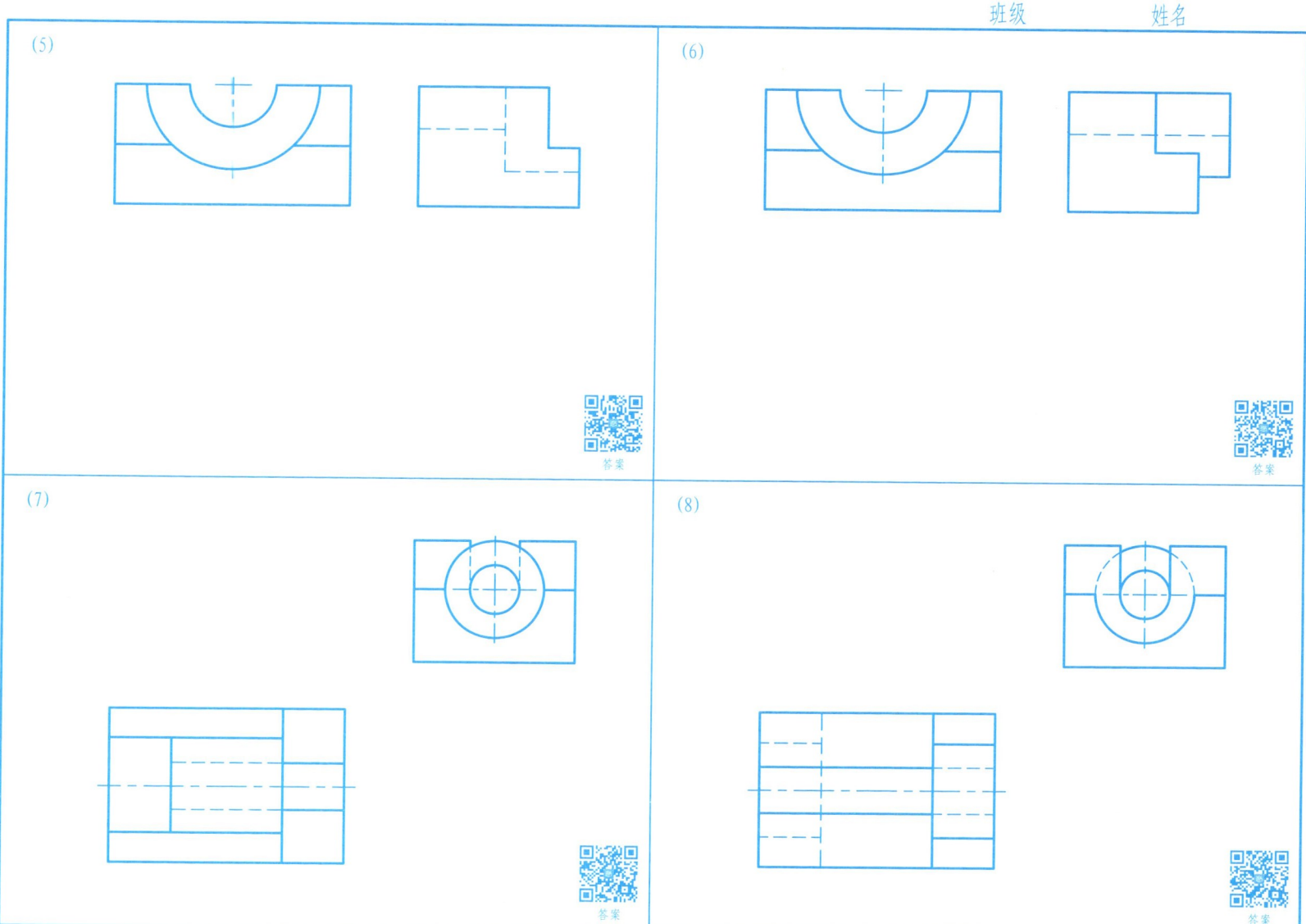

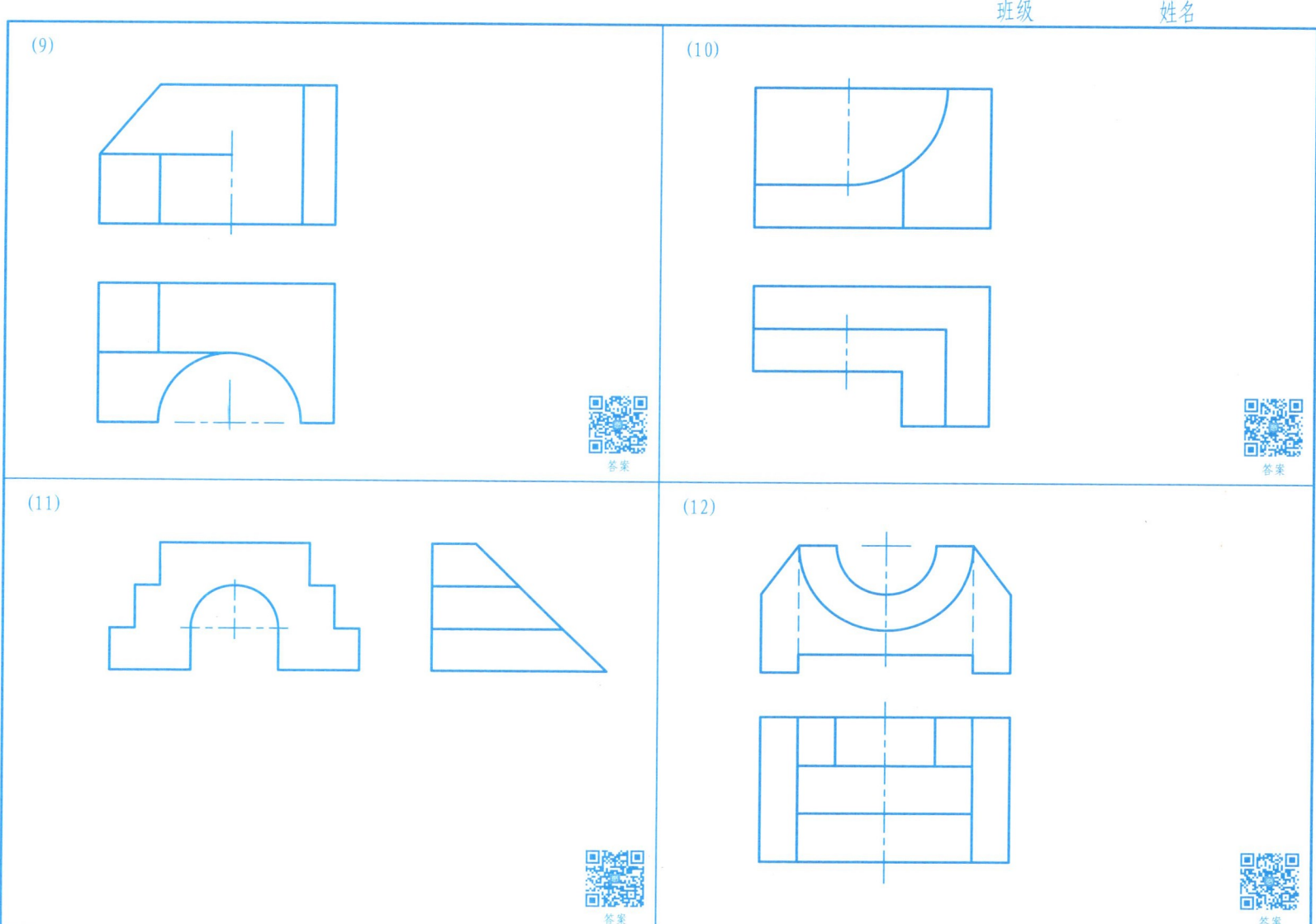

班级　　　姓名

(13)

(14)

94

班级　　　姓名

(15)

(16)

95

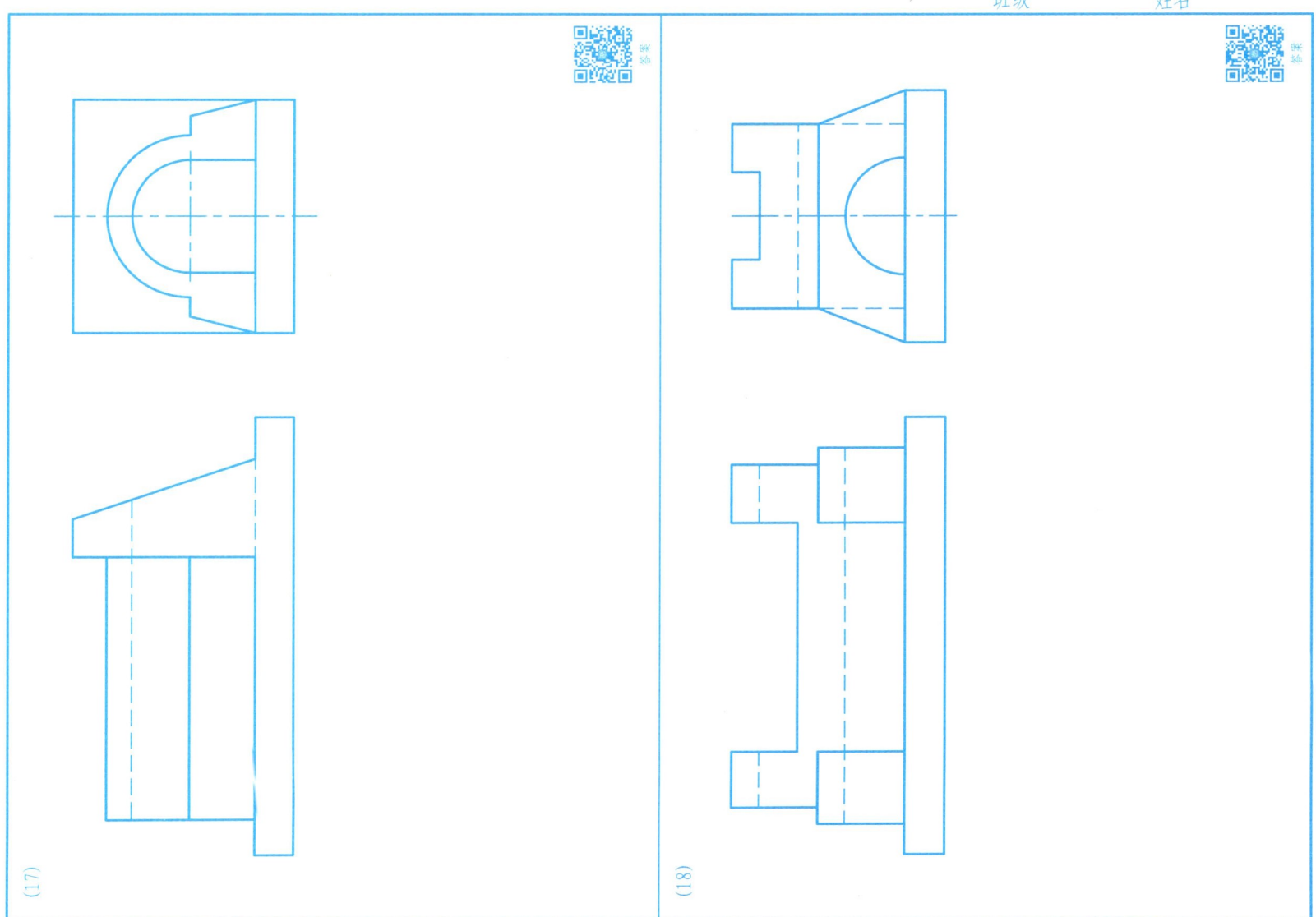

班级　　　　姓名

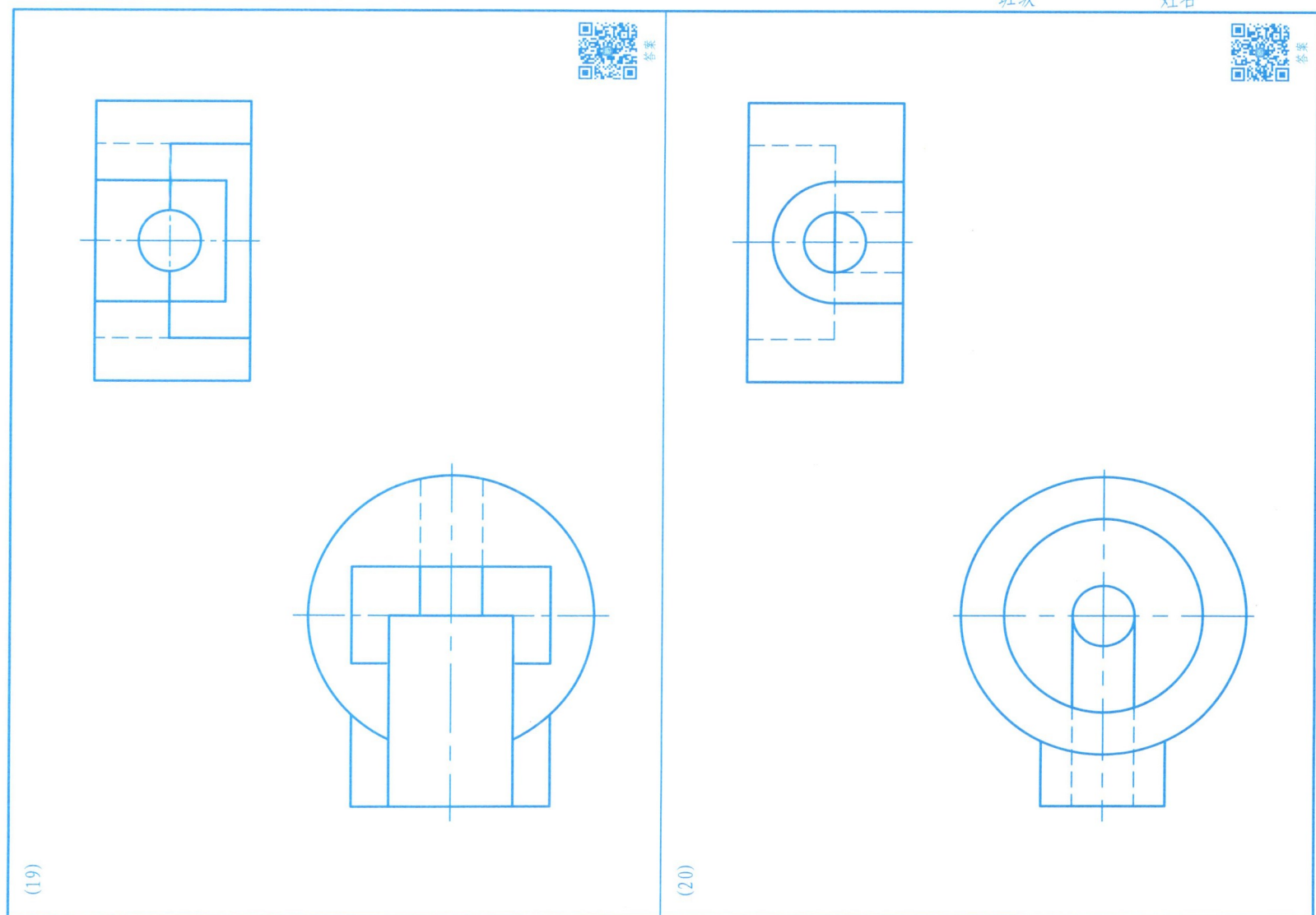

(19)　　(20)

7-7 采用第一角投影画法，在规定位置补绘形体所缺的基本视图。

7-8 采用第三角投影画法,在规定位置补绘习题7-7中形体的基本视图。

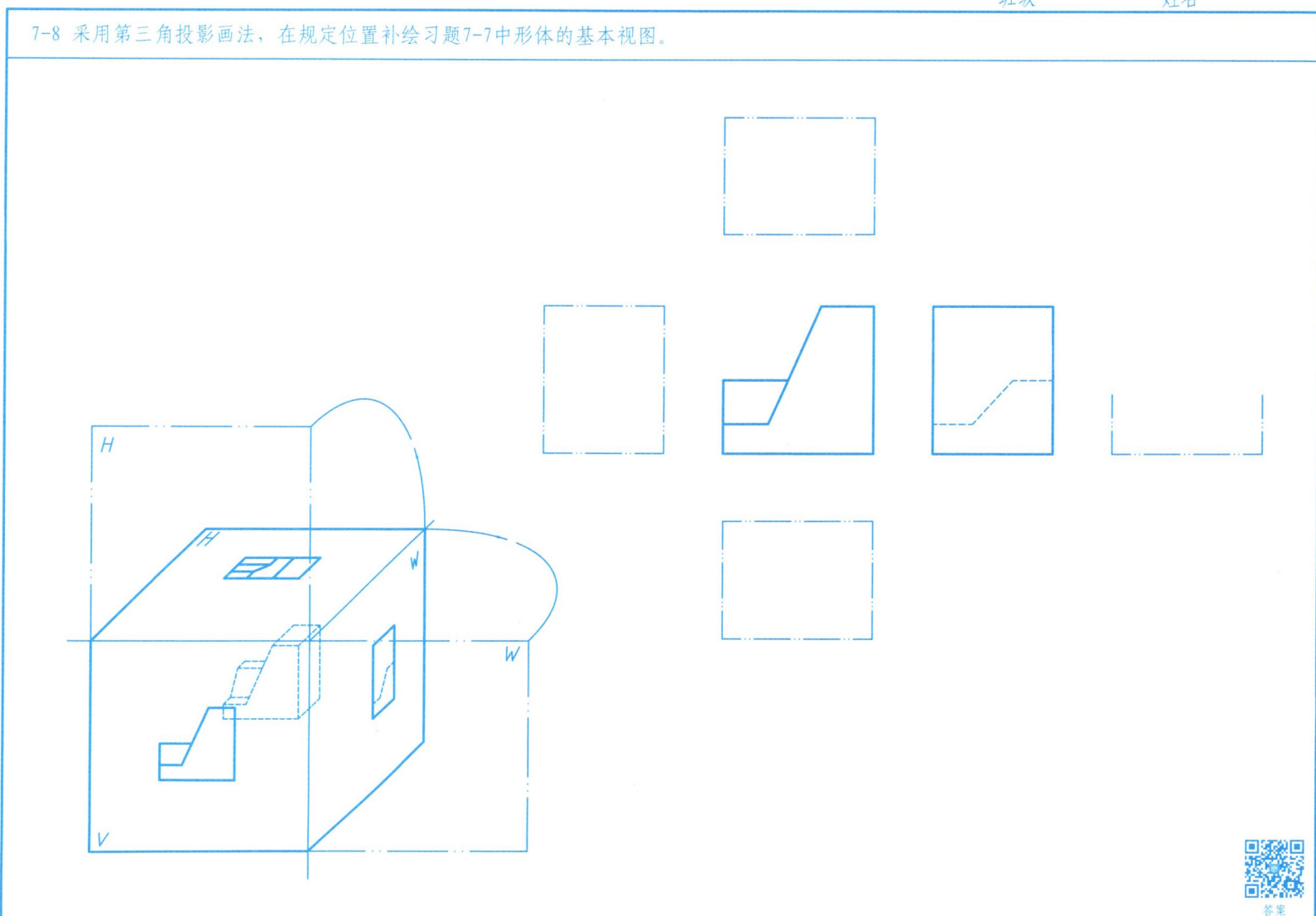

7-9 采用第一角投影画法，在规定位置补绘形体所缺的基本视图。

7-10 采用第三角投影画法，在规定位置补绘习题7-9中形体的基本视图。

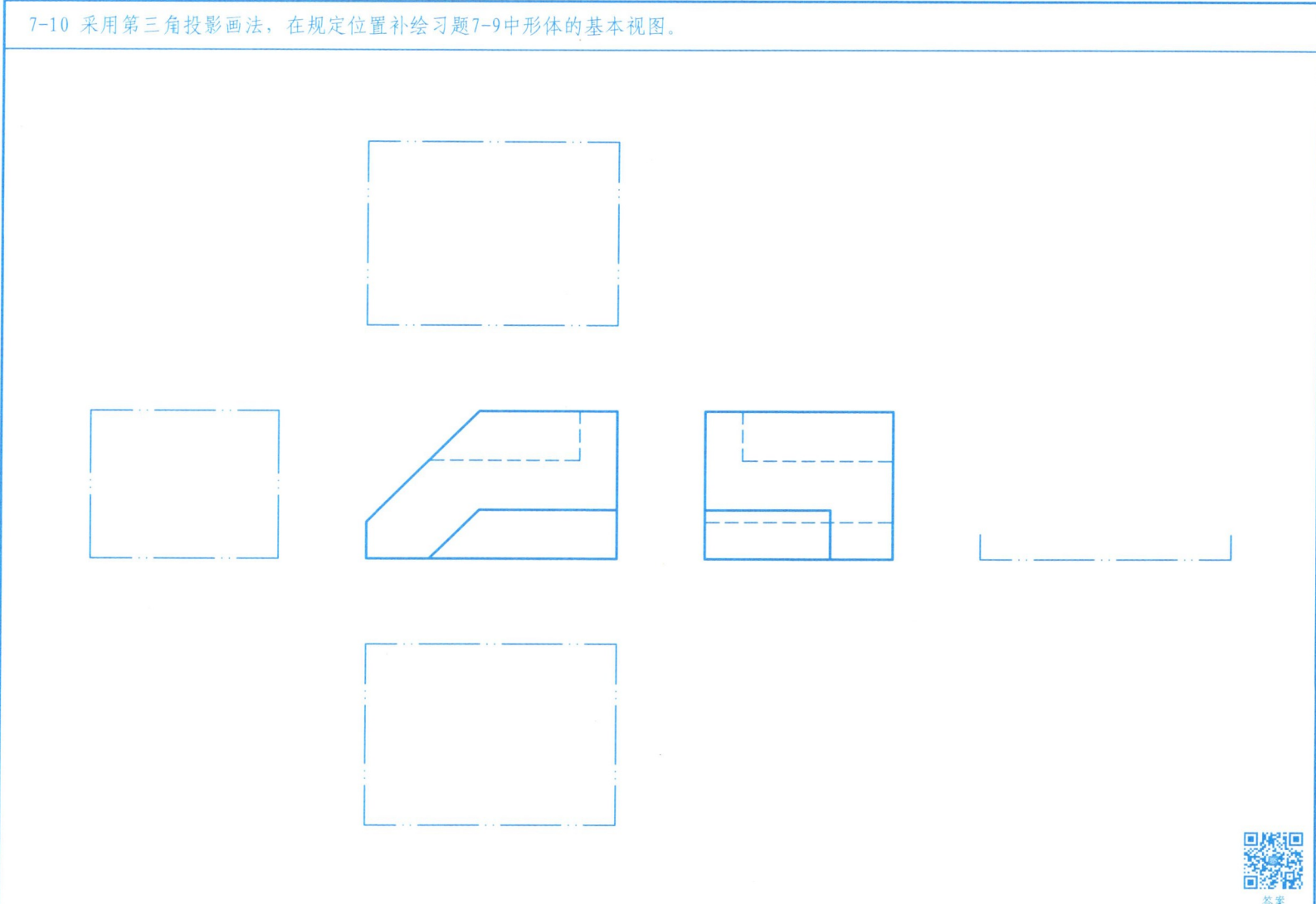

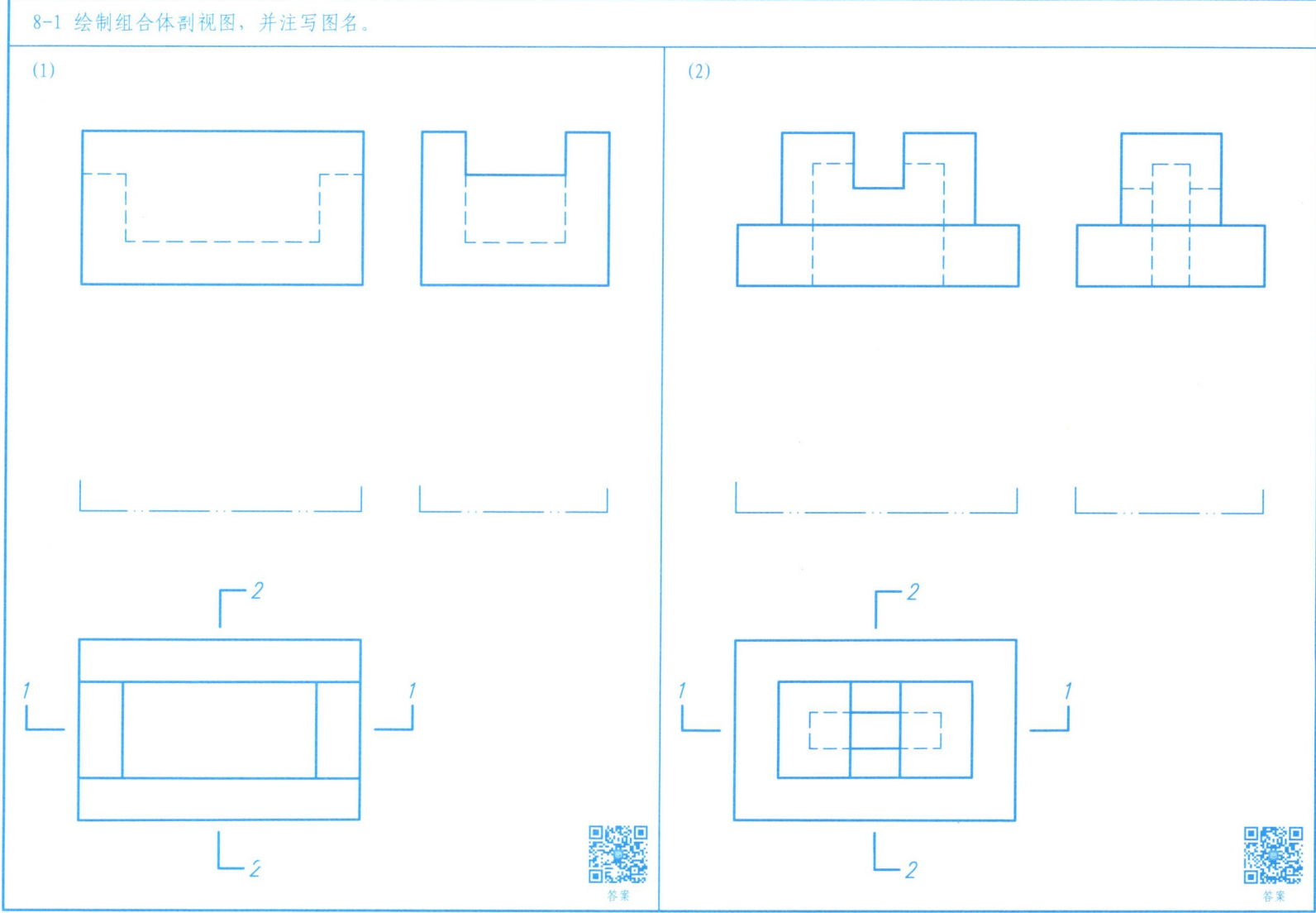

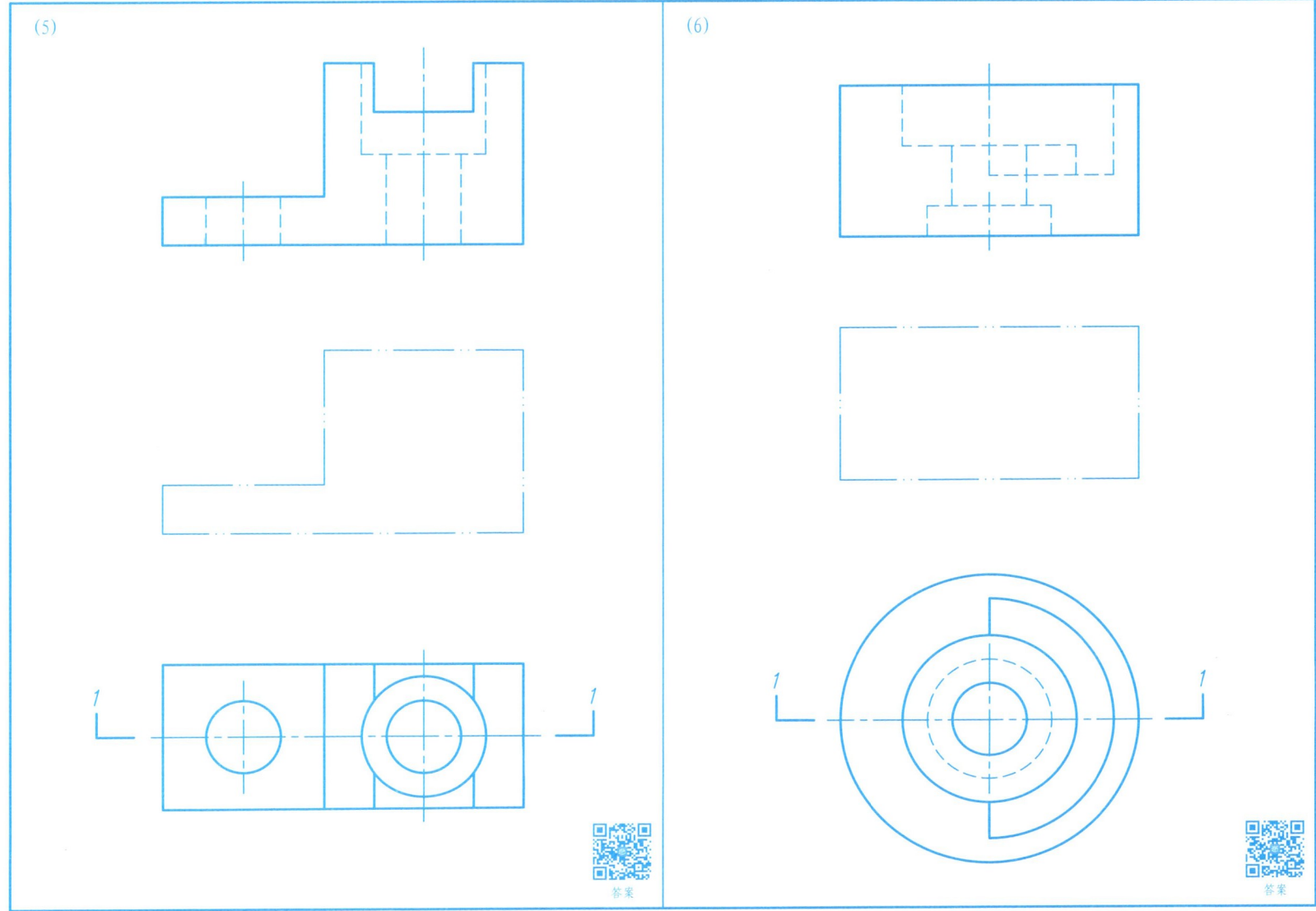

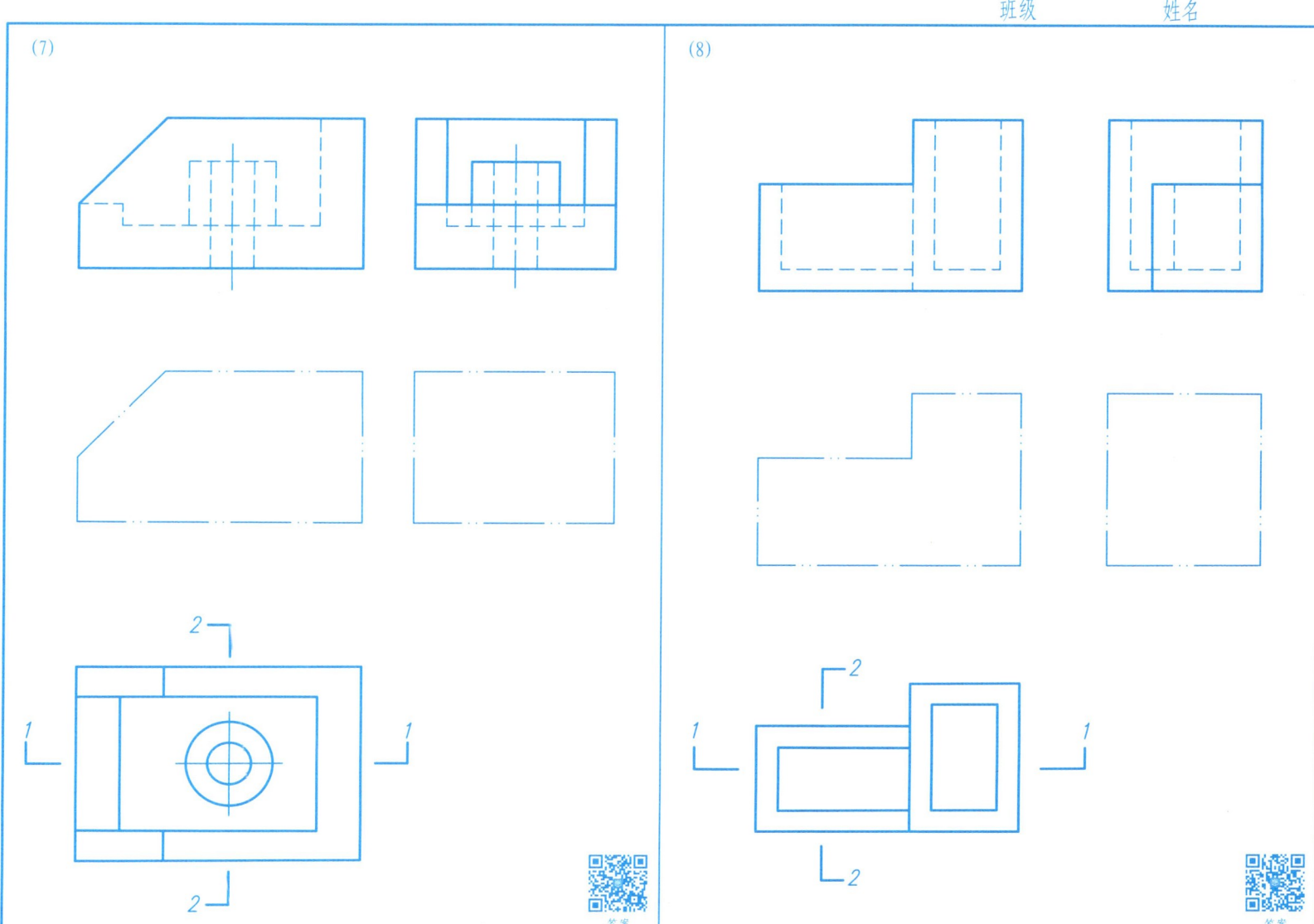

班级　　　姓名

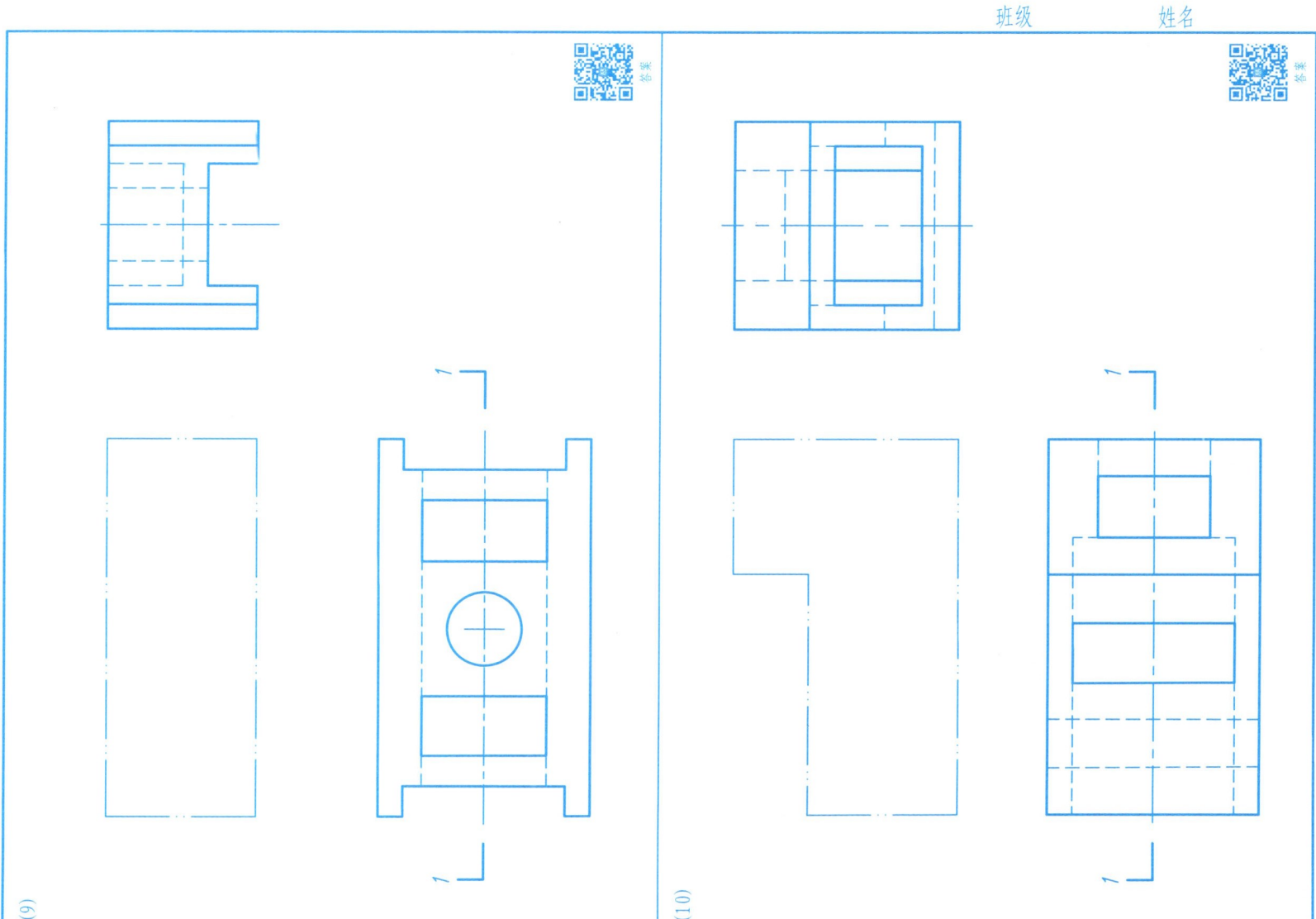

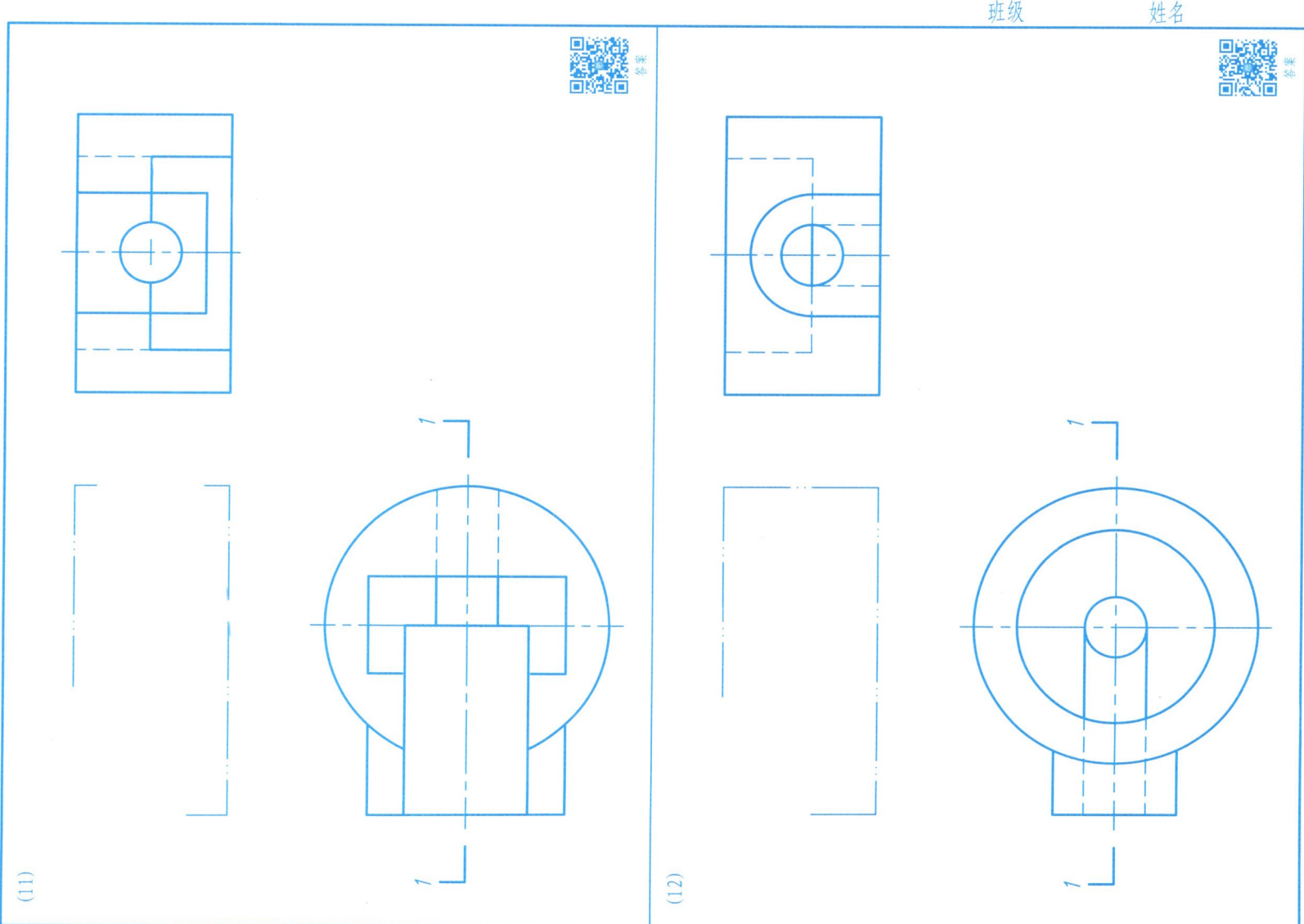

8-2 绘制组合体1-1剖视图，并注写图名。

(1)

(2)

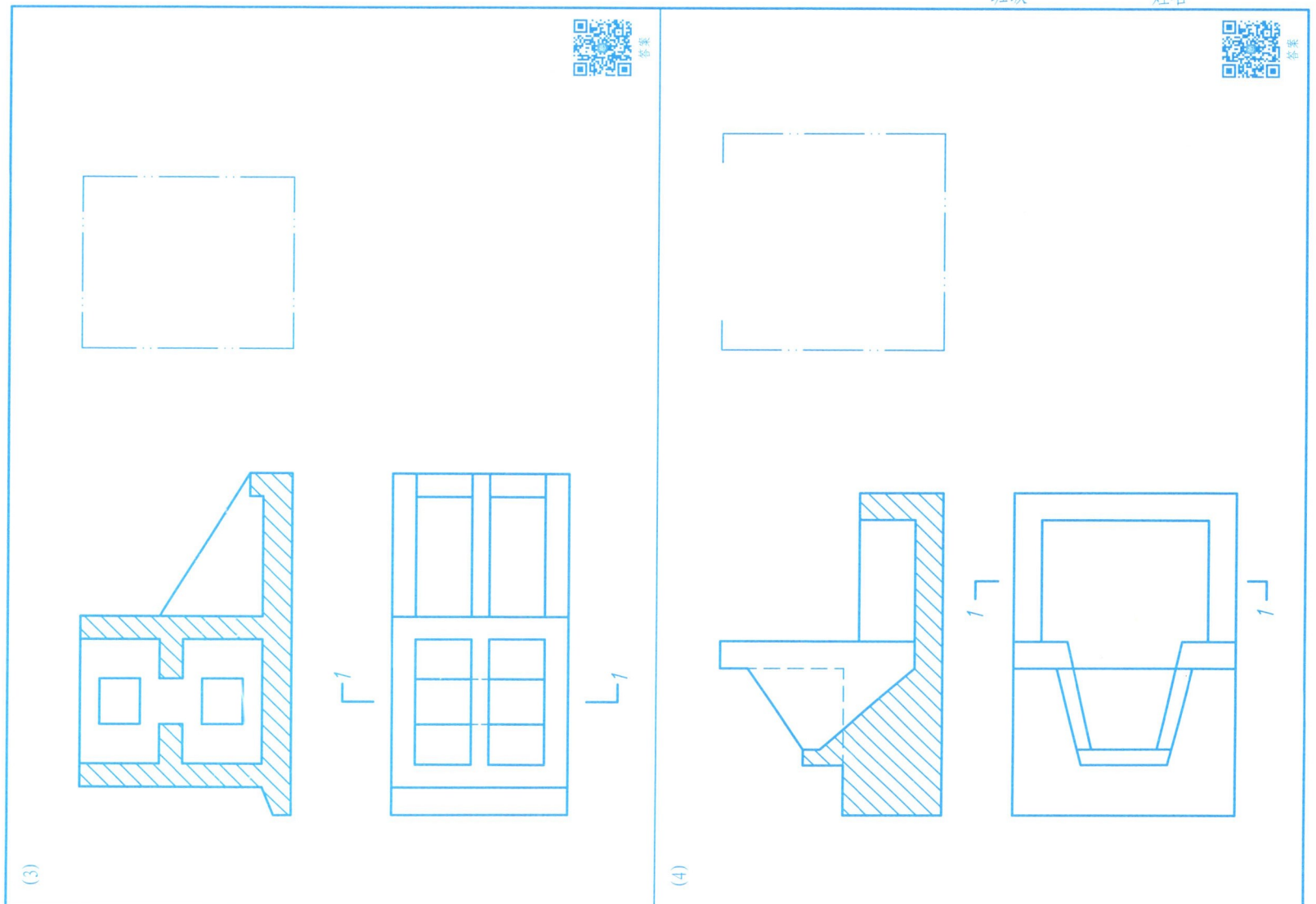

8-3 将组合体主视图改为半剖视图。

(1)

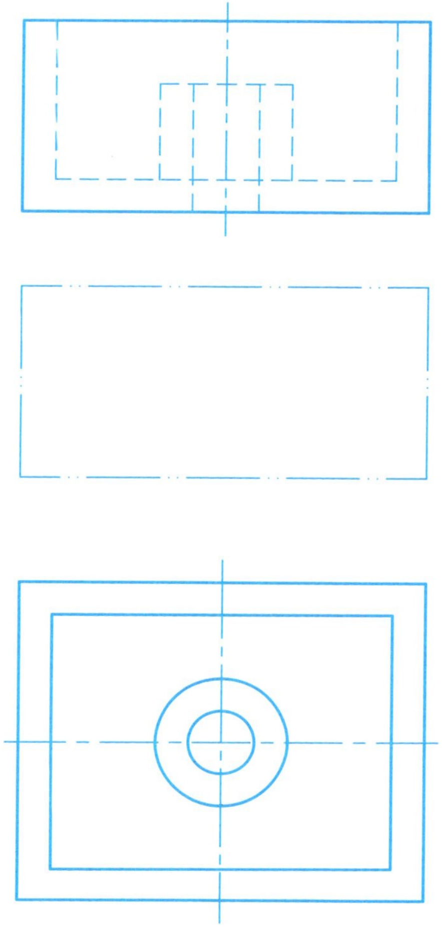

(2)

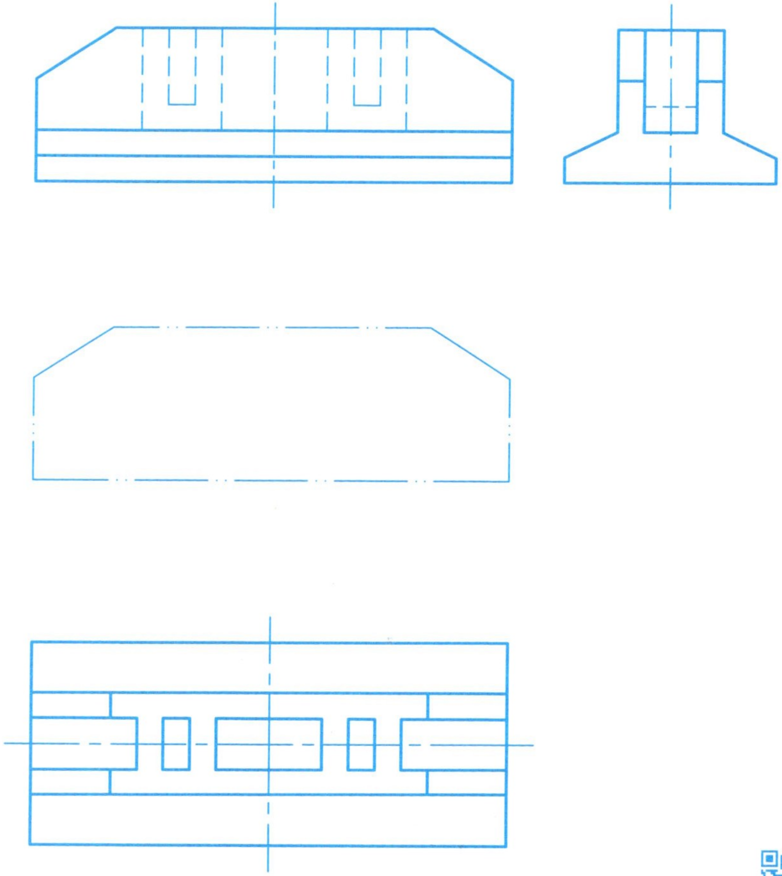

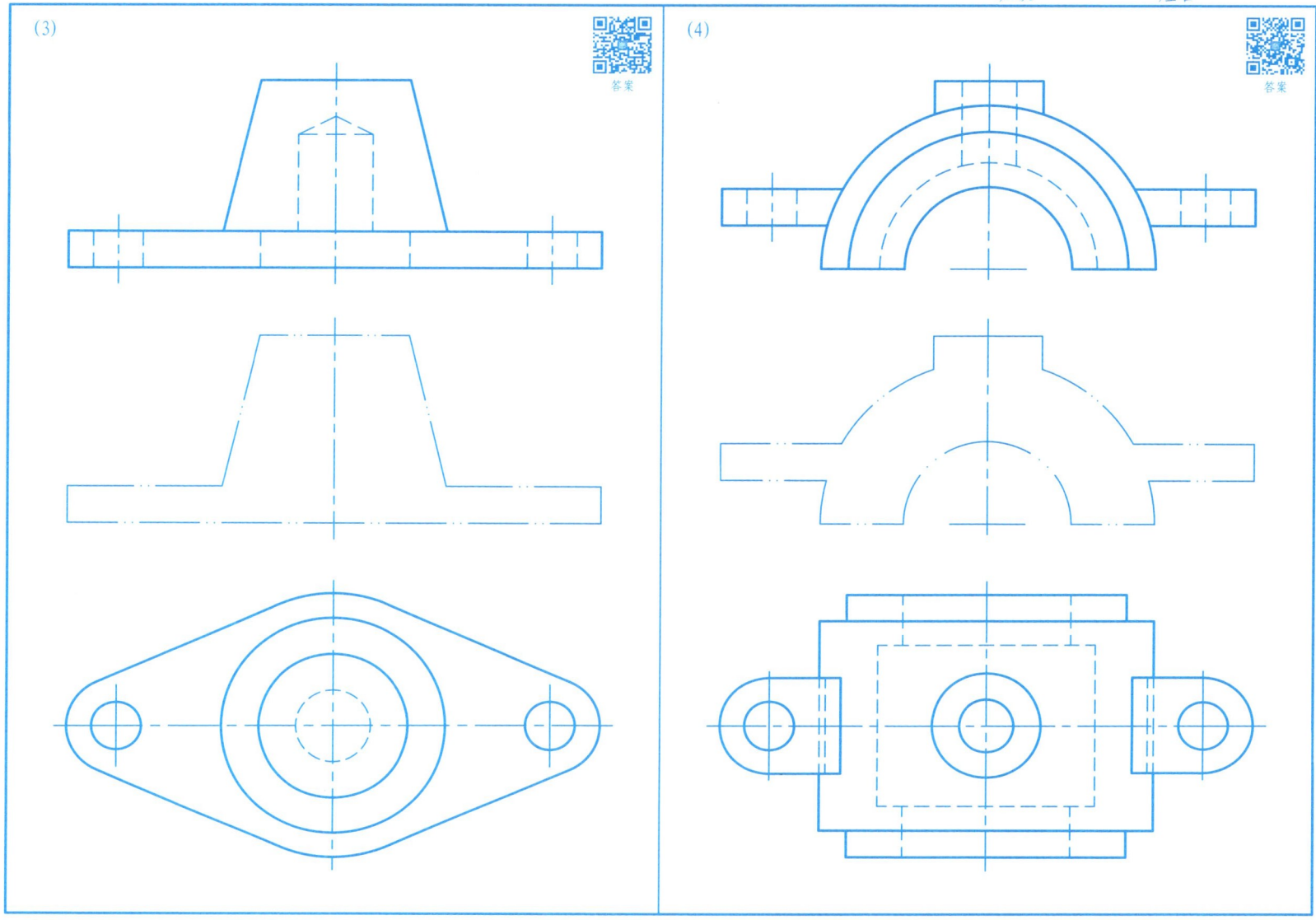

8-4 绘制组合体俯视图。

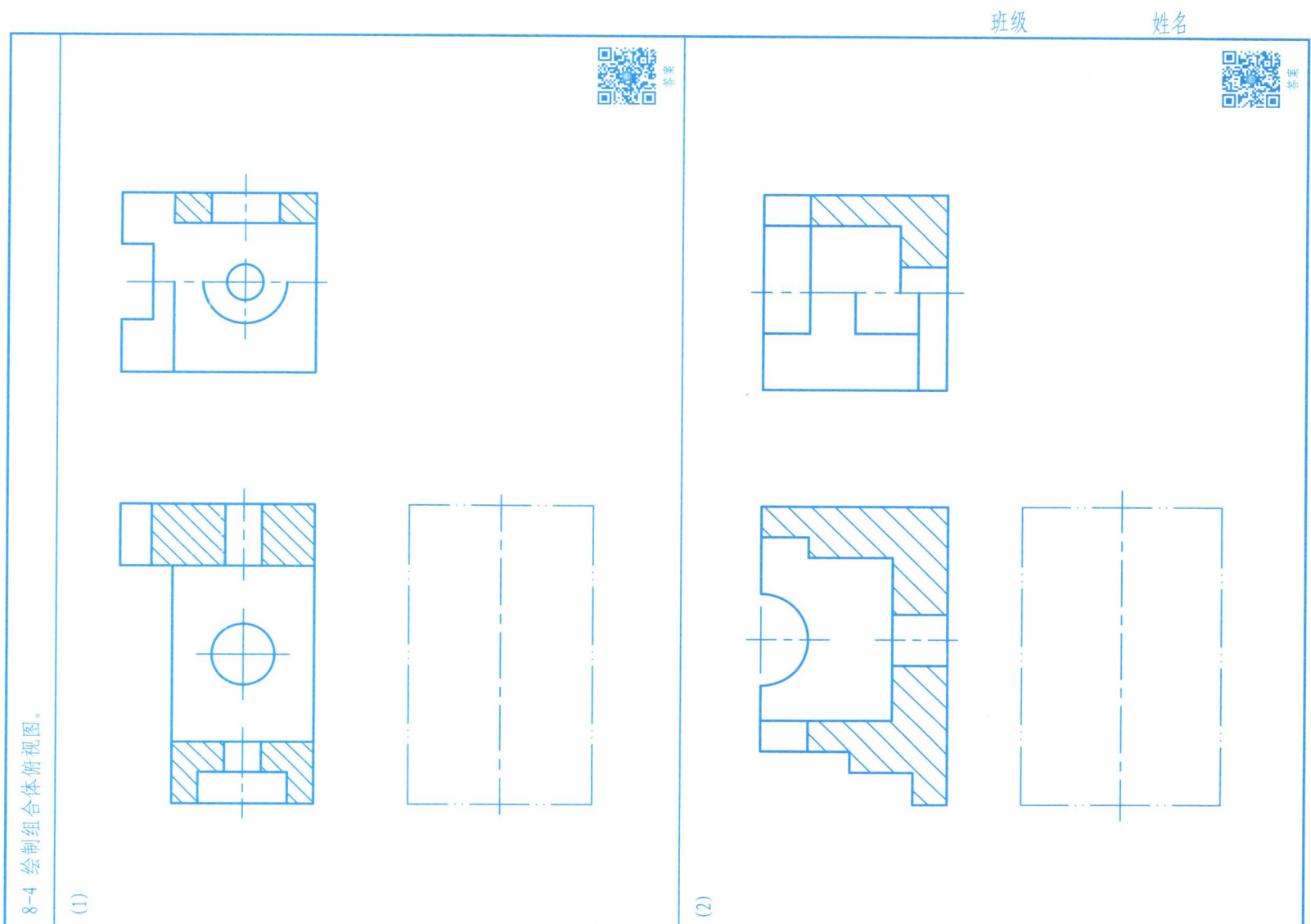

(1)　　　　(2)

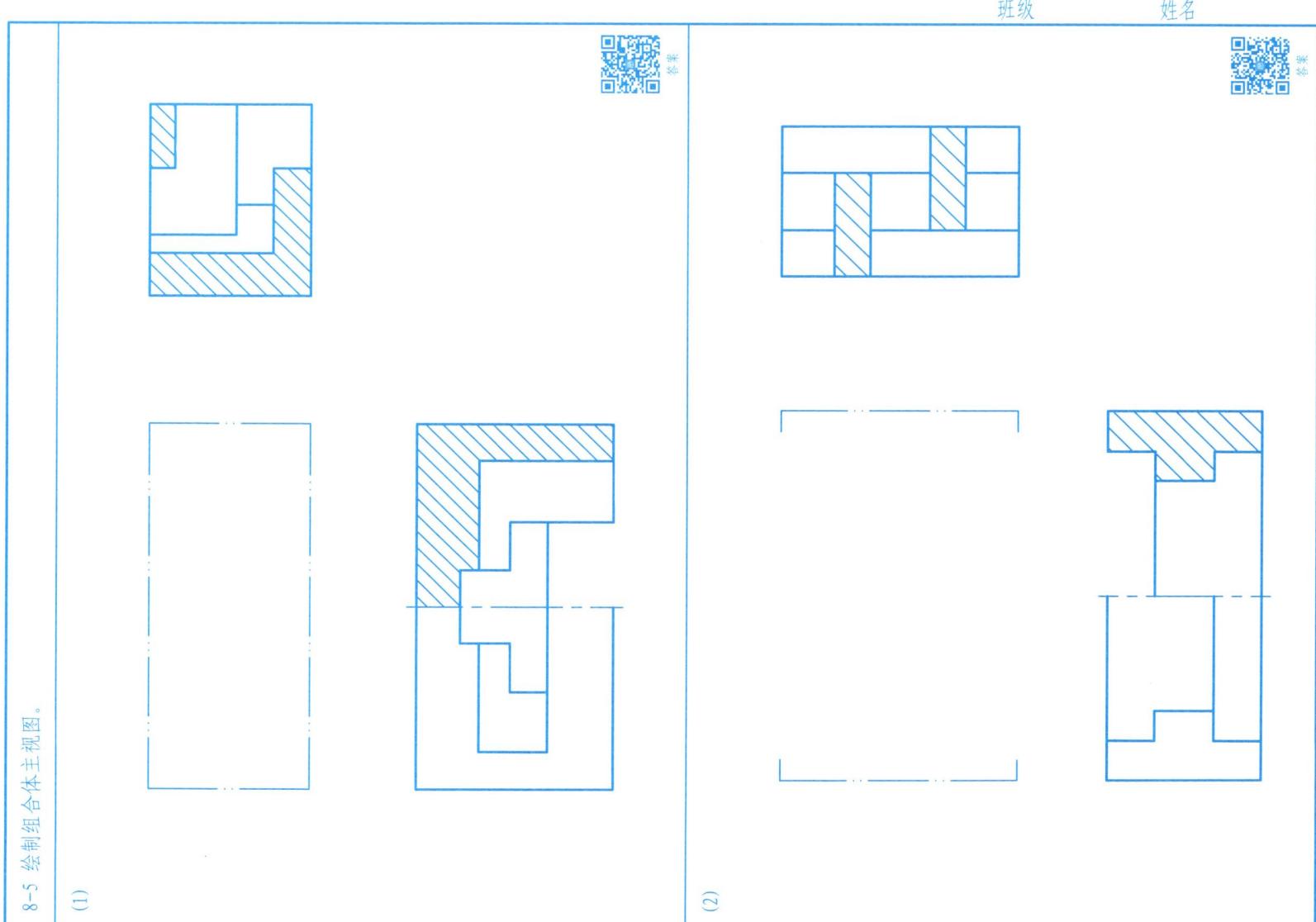

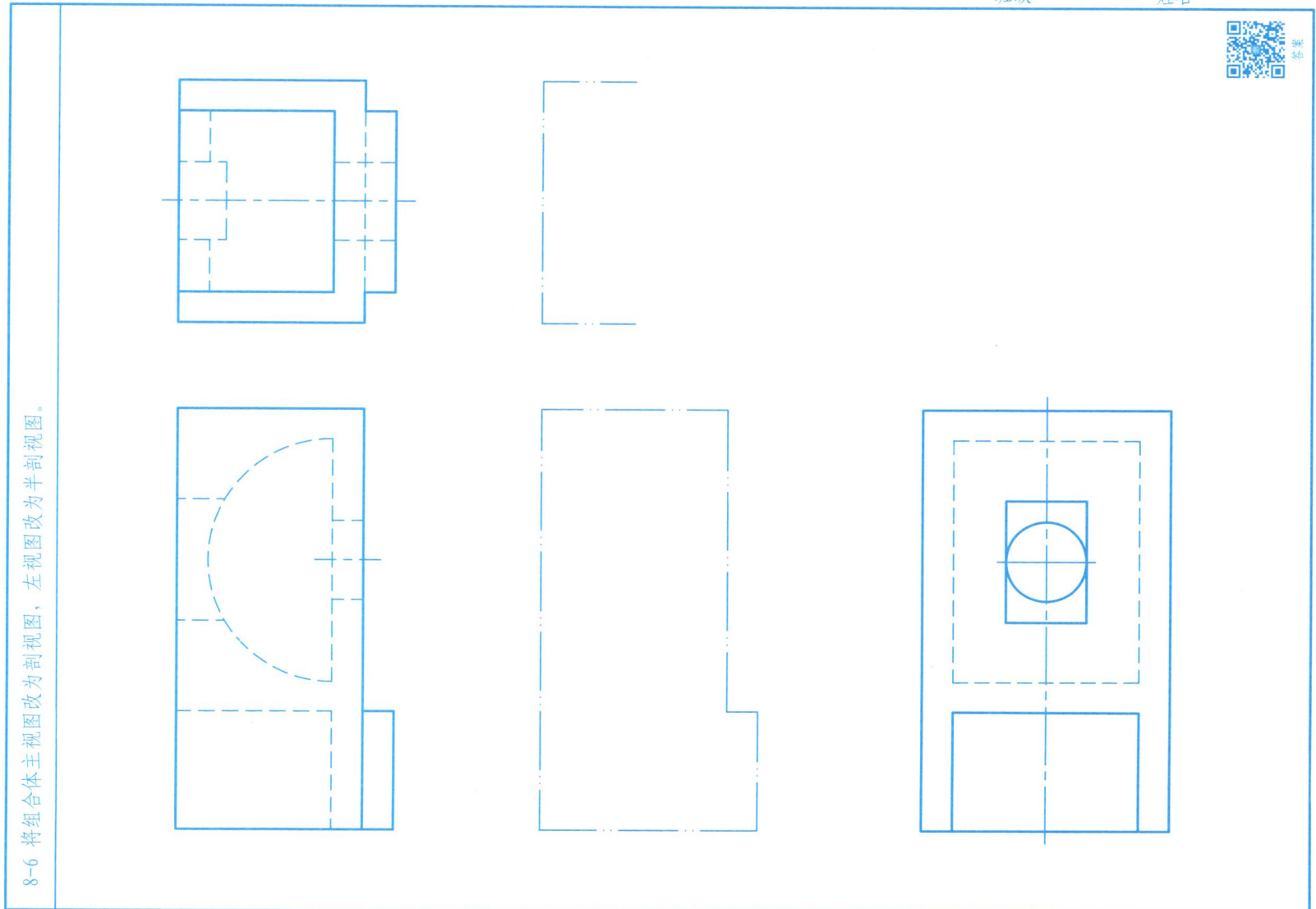

8-6 将组合体主视图改为剖视图,左视图改为半剖视图。

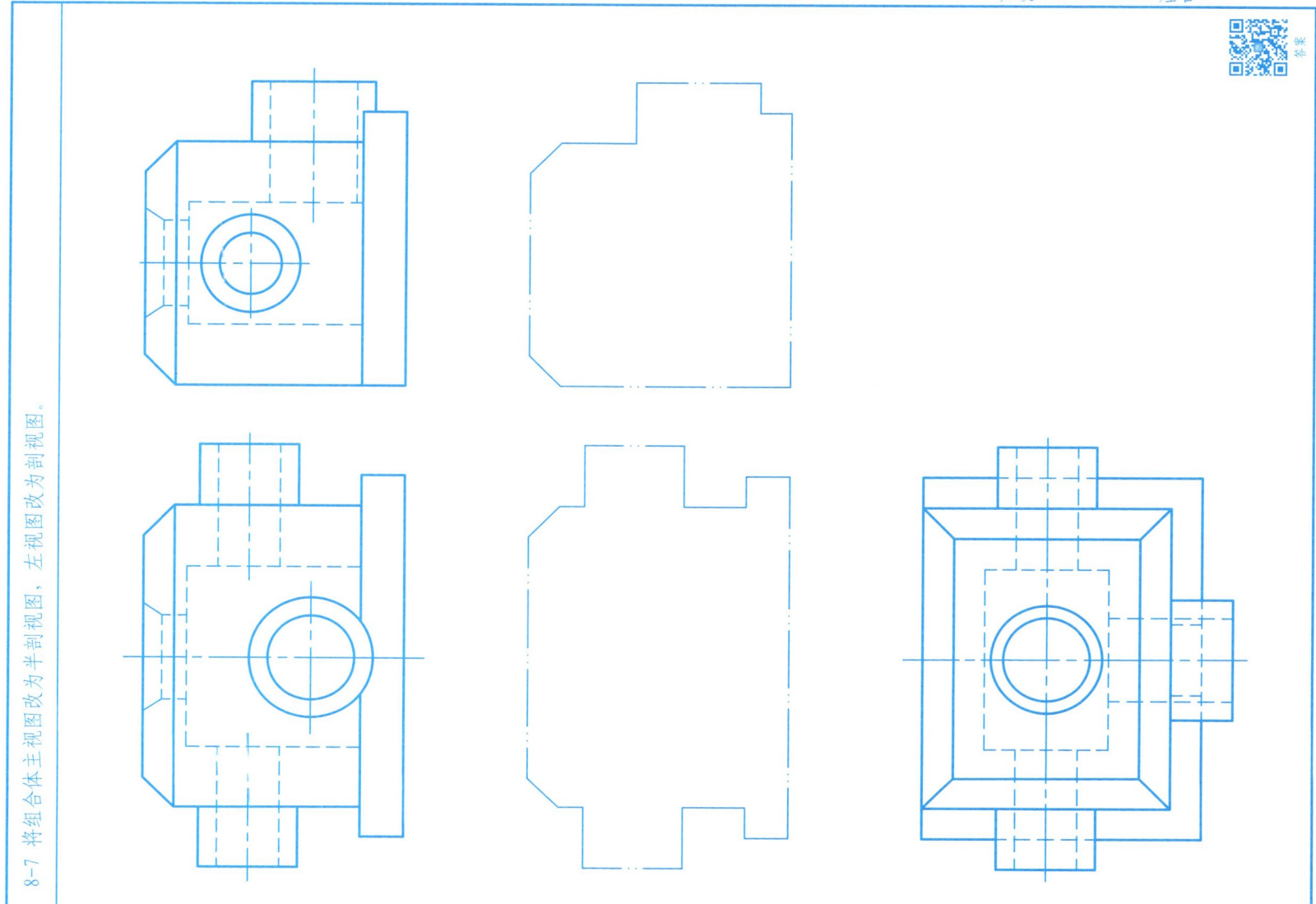

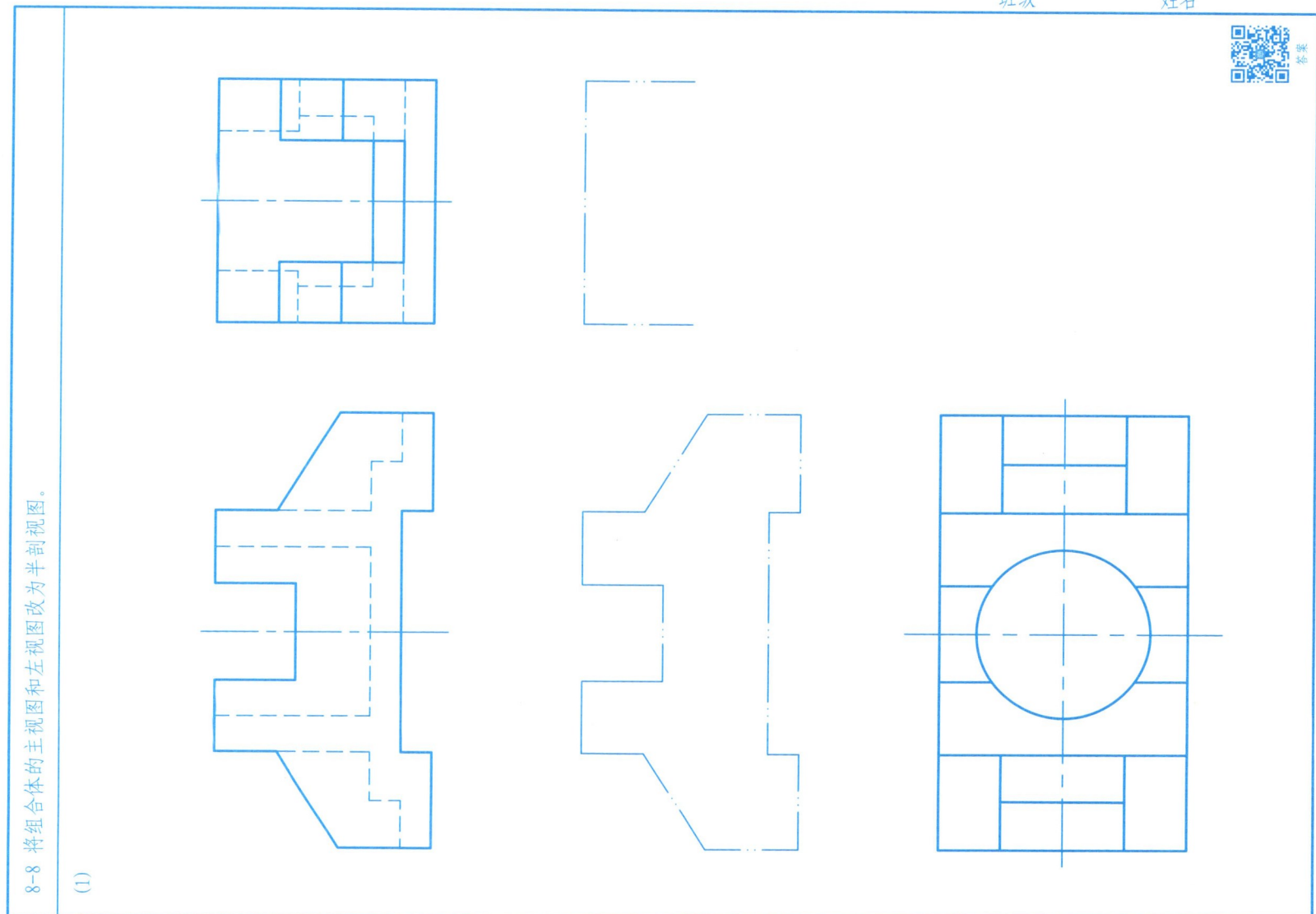

班级　　姓名

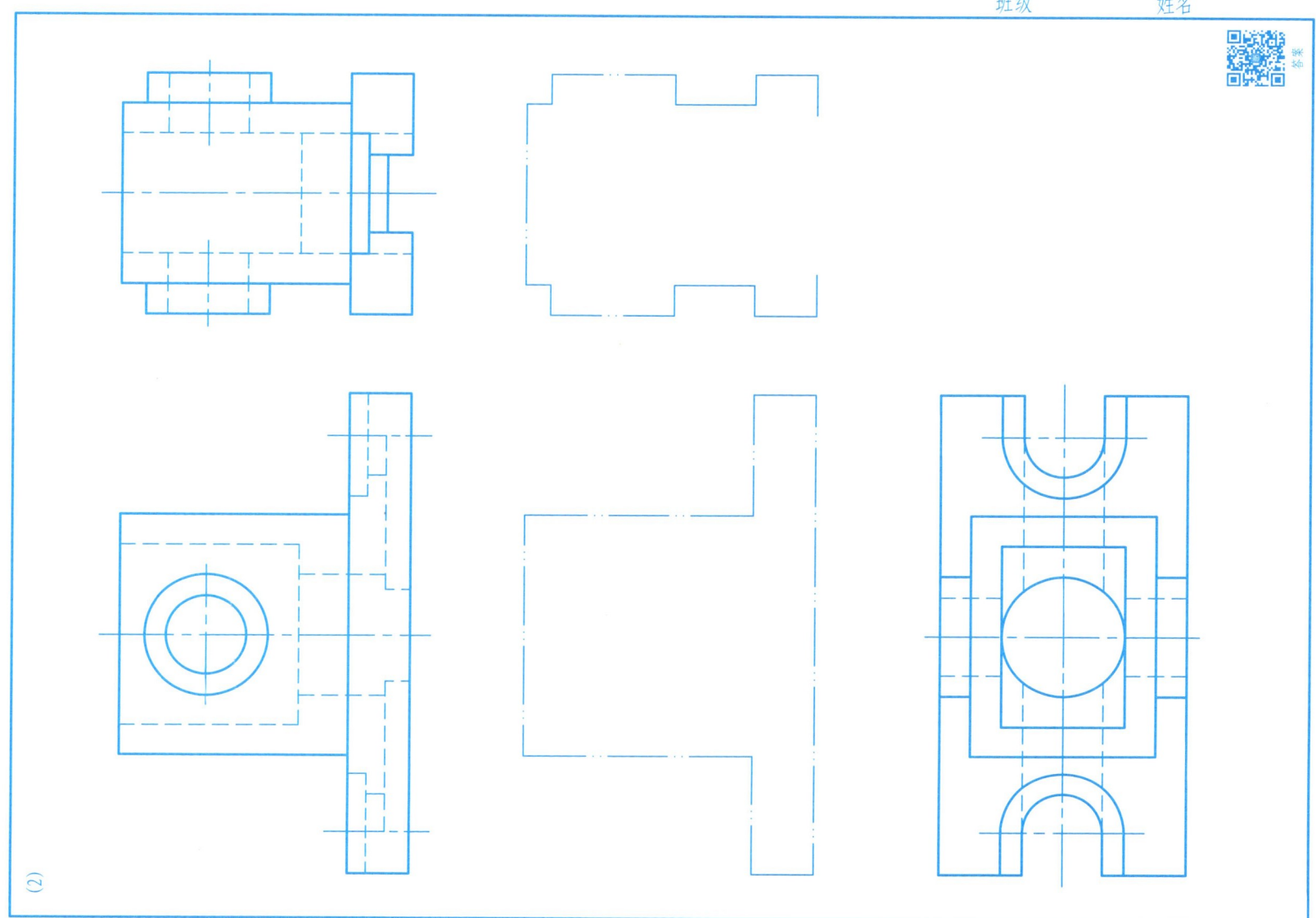

郑重声明

高等教育出版社依法对本书享有专有出版权。任何未经许可的复制、销售行为均违反《中华人民共和国著作权法》，其行为人将承担相应的民事责任和行政责任；构成犯罪的，将被依法追究刑事责任。为了维护市场秩序，保护读者的合法权益，避免读者误用盗版书造成不良后果，我社将配合行政执法部门和司法机关对违法犯罪的单位和个人进行严厉打击。社会各界人士如发现上述侵权行为，希望及时举报，本社将奖励举报有功人员。

反盗版举报电话　（010）58581999　58582371　58582488
反盗版举报传真　（010）82086060
反盗版举报邮箱　dd@hep.com.cn
通信地址　北京市西城区德外大街4号　高等教育出版社法律事务与版权管理部
邮政编码　100120

防伪查询说明

用户购书后刮开封底防伪涂层，利用手机微信等软件扫描二维码，会跳转至防伪查询网页，获得所购图书详细信息。用户也可将防伪二维码下的20位密码按从左到右、从上到下的顺序发送短信至106695881280，免费查询所购图书真伪。

反盗版短信举报

编辑短信"JB,图书名称,出版社,购买地点"发送至10669588128

防伪客服电话

（010）58582300